普通高等教育“十三五”规划教材
电工电子基础课程规划教材

模拟电路实验与Multisim仿真实例教程

主　编　程春雨　商云晶　吴雅楠
副主编　马　驰　高庆华　于　明
主　审　余　隽
参　编　王开宇　崔承毅　赵权科
　　　　周晓丹　巢　明　秦晓梅

電子工業出版社
Publishing House of Electronics Industry
北京 • BEIJING

内 容 简 介

本书是参照现行普通高等理工科院校电子类相关专业的模拟电子技术实验教学大纲、模拟电子技术实验教材、Multisim 仿真设计与分析教材等编写而成的。全书共 6 章，主要内容包括：常用二极管的使用、单管放大电路、射极耦合差分放大电路、集成运算放大器的线性应用、波形的产生与变换电路、直流稳压电源。本书提供配套的 Multisim 仿真实例、电子课件 PPT 和思考题参考答案。

本书可作为电气工程及其自动化、电子信息工程、电子科学与技术、通信工程、微电子科学与工程、光电信息科学与工程、信息工程、自动化、计算机科学与技术、测控技术与仪器等专业的教材，也可以作为相关实验教师的参考用书。

图书在版编目（CIP）数据

模拟电路实验与 Multisim 仿真实例教程/程春雨，商云晶，吴雅楠主编. —北京：电子工业出版社，2020.8
ISBN 978-7-121-38647-3

Ⅰ. ①模… Ⅱ. ①程… ②商… ③吴… Ⅲ. ①模拟电路－实验－高等学校－教材 ②电子电路－计算机仿真－应用软件－高等学校－教材 Ⅳ. ①TN710-33 ②TN702

中国版本图书馆 CIP 数据核字（2020）第 035575 号

责任编辑：王晓庆　　特约编辑：田学清
印　　刷：涿州市般润文化传播有限公司
装　　订：涿州市般润文化传播有限公司
出版发行：电子工业出版社
　　　　　北京市海淀区万寿路 173 信箱　　邮编：100036
开　　本：787×1092　1/16　印张：8.5　　字数：218 千字
版　　次：2020 年 8 月第 1 版
印　　次：2024 年 8 月第 5 次印刷
定　　价：39.80 元

凡所购买电子工业出版社图书有缺损问题，请向购买书店调换。若书店售缺，请与本社发行部联系，联系及邮购电话：（010）88254888，88258888。

质量投诉请发邮件至 zlts@phei.com.cn，盗版侵权举报请发邮件至 dbqq@phei.com.cn。

本书咨询联系方式：（010）88254113，wangxq@phei.com.cn。

前　言

本书是参照现行普通高等理工科院校电子类相关专业的模拟电子技术实验教学大纲、模拟电子技术实验教材、Multisim 仿真设计与分析教材等编写而成的，其中大部分内容是对大连理工大学相关教师多年实践教学工作经验的总结。

本书按 16～36 学时来编写，主要内容包括：常用二极管的基本特性、主要技术参数及其实验电路的设计与测试；单管放大电路设计基础、常用小功率晶体三极管、实验电路的设计与测试；射极耦合差分放大电路设计基础及其实验电路的设计与测试；集成运算放大器及其线性应用电路设计基础、常用的集成运算放大器、实验电路的设计与测试；波形的产生与变换电路设计基础、集成电压比较器、实验电路的设计与测试；直流稳压电源基础及其设计。本书还包含相关电子元器件的介绍及其选型方法、实用电路 Multisim 仿真设计与分析等内容。全书内容是对模拟电子技术基础知识、基本原理的总结与应用，可使学生掌握与理解专业理论基础知识，培养学生合理选用电子元器件并设计实用电路的能力。

全书主要内容由程春雨老师、商云晶老师、吴雅楠老师、马驰老师负责编写；部分 Multisim 仿真实例和附录 A、附录 B、附录 C、附录 D、附录 E、附录 F、附录 G 由高庆华老师、于明老师、周晓丹老师和巢明老师负责编写；余隽老师对全书内容进行了统稿和校对；王开宇、崔承毅、赵权科、秦晓梅等多位老师也参与了写作素材的提供及部分内容的编写、修订和校对工作，并对本书的编写及出版提出了宝贵的建议和修改意见。本书在编写的过程中，得到了大连理工大学“模拟电子技术”理论教学组组长林秋华教授的支持与指导。在此，对所有帮助过我们的老师及电子工业出版社的王晓庆编辑表示诚挚的谢意。

由于编者水平有限，加之时间仓促，书中难免有不足之处，恳请广大读者批评指正。

作　者
2020 年 8 月

目 录

第 1 章　常用二极管的使用

二极管（Diode）是模拟电路的基本组成部分，了解二极管的基本特性，正确理解二极管的工作原理，熟悉二极管的电压传输特性和主要技术参数，熟练掌握常用二极管的选型依据和正确使用方法，是学好模拟电路理论课程的基础和前提。

1.1　常用二极管电路设计基础

二极管，顾名思义有两个引脚，是一种具有单向导电性的双端器件，两个引脚分正、负两极。在本书中，用字母 VD 表示二极管。

1.1.1　二极管的基本特性

二极管的伏安特性曲线如图 1.1 所示。

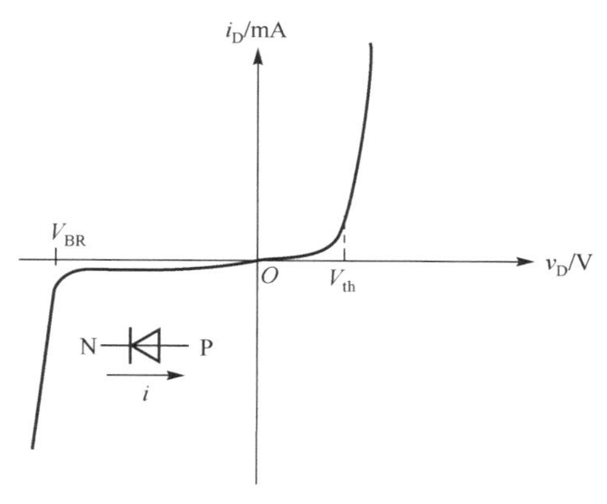

图 1.1　二极管的伏安特性曲线

由二极管的伏安特性曲线可以看出：当流过二极管的正向工作电流十分微弱时，二极管不导通，此时二极管表现为一个大电阻；当流过二极管的正向工作电流增大到一定值（阈值电压 V_{th}）时，二极管开始进入正向导通状态。

若在二极管正向导通后继续增大流过二极管的正向工作电流，则二极管两端的正向压降会随正向工作电流的增大而增大，但相对于正向工作电流的变化量，二极管两端的正向压降变化量很小，因此，二极管在正向导通后主要表现为一个阻值可变的小电阻。

当加在二极管两端的反向工作电压小于其反向击穿电压 V_{BR} 时，其反向漏电流很小，通常为微安级的，可以认为此时二极管处于反向截止状态，该反向漏电流基本趋于一个恒定值，定义为反向工作电流 I_R。当加在二极管两端的反向工作电压大于其反向击穿电压 V_{BR} 时，流过二极管的反向工作电流会急剧增大，二极管将失去单向导电性而发生反向击穿。

当二极管发生反向击穿后，只要其反向工作电流与其两端的反向压降的乘积不超过 PN 结的反向额定耗散功率，二极管就不会发生永久性损坏；撤掉反向工作电压后，二极管仍能恢复到正常的工作状态，人们利用二极管的这一特性将其制成稳压二极管。

当二极管发生反向击穿后，若其反向工作电流与其两端的反向压降的乘积超过 PN 结的反向额定耗散功率，则二极管会因过热而烧毁。烧毁后的二极管将处于不确定状态，当撤掉反向工作电压后，二极管不能恢复到正常的工作状态。

由二极管的伏安特性曲线还可以看出：无论是二极管两端的正向压降还是其反向压降，都只能在一个很小的范围内保持相对稳定，当二极管的工作电流发生变化时，二极管两端的压降也会随之发生微弱变化。

由于生产材料和制造工艺的制约，在实际使用中要求流过二极管的正向工作电流与其两端的正向压降的乘积不超过生产厂家产品数据手册上规定的正向额定功率，否则二极管会因过热而烧毁。因此，在使用二极管时，必须串联一个限流电阻，以调整和控制流过二极管的正向工作电流，保证流过二极管的正向工作电流小于其额定正向工作电流。

二极管的电路符号及正向工作电路原理图如图 1.2 所示。

（a）电路符号　　（b）正向工作电路原理图

图 1.2　二极管的电路符号及正向工作电路原理图

在如图 1.2（b）所示的电路中，二极管的正向工作电流可以用下式计算

$$I=\frac{V_{CC}-V}{R}$$

式中，V 是二极管两端的正向压降。

二极管的功耗可以用下式计算

$$P=V\times I$$

二极管的导通电阻可以用下式计算

$$r_D=\frac{V}{I}$$

1.1.2　二极管的主要技术参数

二极管的技术参数是用来衡量二极管的性能好坏和适用范围的指标，是正确使用二极管

的主要依据。二极管的主要技术参数如下。

（1）额定正向工作电流 I_F：也称最大整流电流，是指二极管在长时间连续工作时，允许通过的最大正向平均电流。电流在流过二极管时会使二极管的温度升高，当温度超过允许值时，二极管会因过热而烧毁。因此，在规定的散热条件下，二极管的正向工作电流不应超过其额定正向工作电流。

（2）额定正向管压降 V_F：当流过二极管的工作电流为额定正向工作电流时，二极管两端的正向压降。

（3）反向击穿电压 V_{BR}：当二极管发生反向击穿时，加在二极管两端的反向压降。

（4）额定反向工作电压 V_R：为保证在正常使用时二极管不发生反向击穿，生产厂家在产品数据手册上规定了其额定反向工作电压。通常情况下，产品数据手册上规定的额定反向工作电压为其实际反向击穿电压的一半左右。

（5）反向漏电流 I_R：在规定的环境和额定反向工作电压条件下流经二极管两端的反向工作电流。二极管的反向漏电流受环境温度影响较大，当环境温度升高时，反向漏电流增大。因此，在使用二极管时，要特别注意环境温度变化对其反向漏电流的影响。

（6）极间电容 C_d：也称为结电容，是指二极管 PN 结中存在的电容量。在高频或开关状态下使用二极管时，必须考虑其极间电容对电路性能的影响。

（7）反向恢复时间 T_{RR}：当加在二极管两端的工作电压的极性突然发生翻转时，由于存在极间电容，因此二极管的工作状态不能在瞬间完成跳变，特别是从正向偏置电压切换到反向偏置电压时，偏置电压翻转的瞬间会出现较大的反向电流，经过一小段时间后，反向电流才能恢复到正常值，从正向偏置电压开始发生翻转至反向电流恢复到正常值所需要的时间定义为反向恢复时间。

（8）截止频率：二极管正常工作时的上限频率。二极管的截止频率主要取决于二极管的极间电容。

1.2　常用二极管及其主要技术参数

根据生产材料、制造工艺、结构、封装、用途等不同，二极管有多种分类方法，本书依据二极管的主要功能，简要介绍几种较为常用的二极管。

1.2.1　整流二极管

整流二极管（Rectifier Diode）主要用于将交流电转换为脉动的直流电。人们多选用额定正向工作电流大、反向漏电流小的二极管作为整流二极管，如 1N4000 系列整流二极管。

如表 1.1 所示为飞利浦半导体公司（Philips Semiconductor）生产的 1N4000 系列整流二极管的主要技术参数。由于该系列整流二极管的极间电容较大，反向恢复时间较长，因此厂家并没有给出其极间电容和反向恢复时间。

表 1.1 1N4000 系列整流二极管的主要技术参数

型号	最高反向工作电压/V	额定正向工作电流/A	最大浪涌电流/A	极间电容	反向恢复时间
1N4001	50	1	30	—	—
1N4002	100	1	30	—	—
1N4003	200	1	30	—	—
1N4004	400	1	30	—	—
1N4005	600	1	30	—	—
1N4006	800	1	30	—	—
1N4007	1000	1	30	—	—

用整流二极管设计的半波整流电路结构简单，如图 1.3（a）所示。在不考虑整流效率的情况下，可以采用半波整流电路完成整流，其输入信号、输出信号波形如图 1.3（b）所示。

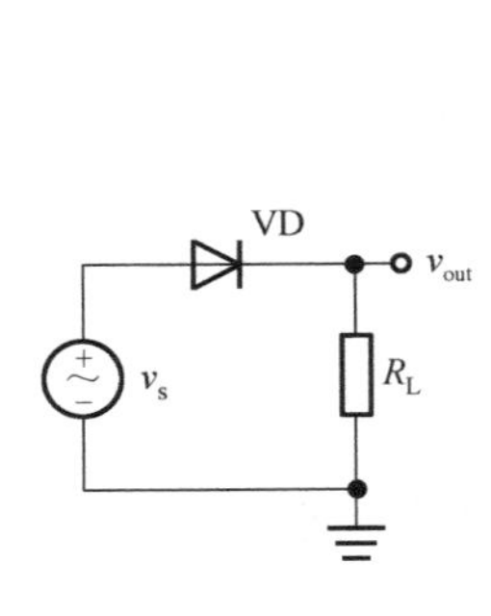

（a）电路原理图

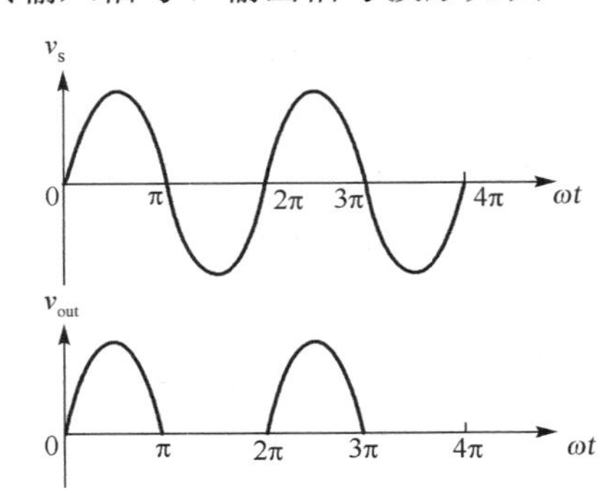

（b）输入信号、输出信号波形

图 1.3 半波整流电路原理图及其输入信号、输出信号波形

用整流二极管设计的桥式全波整流电路的整流效率高，在实际应用中较为常见。桥式全波整流电路原理图及其输入信号、输出信号波形如图 1.4 所示。

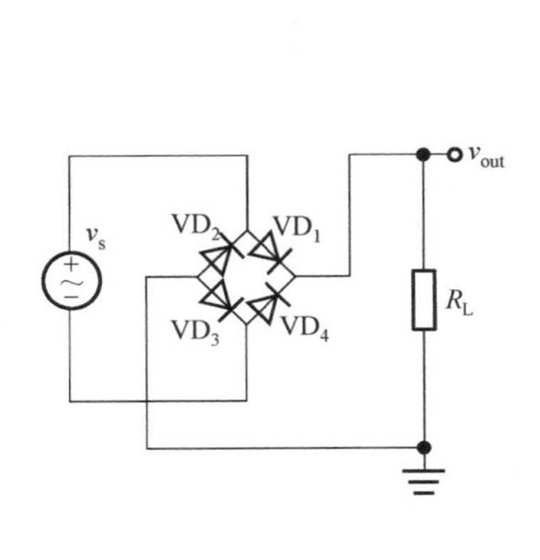

（a）电路原理图

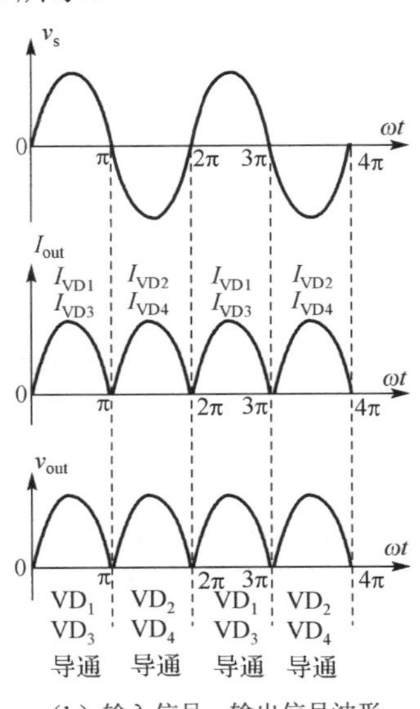

（b）输入信号、输出信号波形

图 1.4 桥式全波整流电路原理图及其输入信号、输出信号波形

有些电子元器件生产厂家将 4 个整流二极管封装在一起，做成专门用于完成桥式全波整流的整流桥块（Bridge Rectifier）。这种已经封装好的整流桥块使用起来更加方便。

常用整流二极管和整流桥块的外形图如图 1.5 所示，其中图 1.5（a）是普通整流二极管的外形图，图 1.5（b）、图 1.5（c）、图 1.5（d）是已经封装好的整流桥块的外形图。

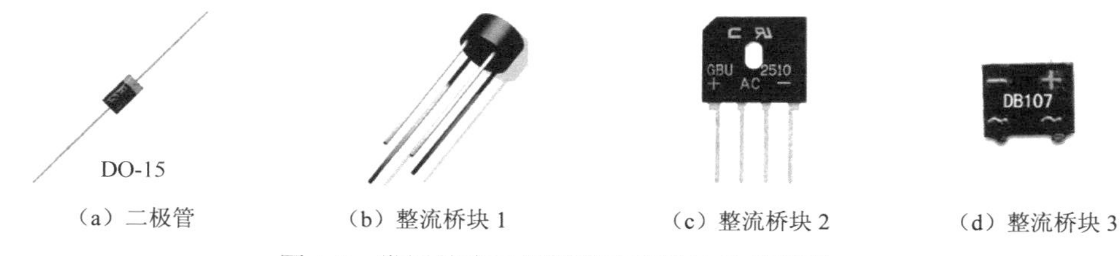

（a）二极管　（b）整流桥块 1　（c）整流桥块 2　（d）整流桥块 3

图 1.5 常用整流二极管和整流桥块的外形图

在选用整流二极管时，主要应考虑其额定正向工作电流和额定反向工作电压，有时也需要考虑其额定正向管压降、反向漏电流、截止频率、反向恢复时间等参数。例如，对 50Hz 的交流电进行整流，通常可以不考虑整流器件的截止频率和反向恢复时间，常用的 1N4000 系列整流二极管就可以满足设计要求。在设计对工作频率要求较高的脉冲整流电路、开关电源等时，则必须考虑所选用的整流二极管的截止频率和反向恢复时间等参数能否满足设计要求。

1.2.2 小功率二极管

比较常用的小功率二极管有 1N91×系列、1N4148、1N4448 等。部分小功率二极管的主要技术参数如表 1.2 所示，与中、大功率二极管相比，1N91×系列和 1N4×××系列小功率二极管的额定正向工作电流小，最高反向工作电压低，最大浪涌电流小，不适合在大电流或高电压的电路中使用。小功率二极管的极间电容相对较小，反向恢复时间较短，在满足工作电流要求的条件下，小功率二极管适合在信号调理、检波等小电流、高频率的电路中使用。

表 1.2 部分小功率二极管的主要技术参数

型　号	最高反向工作电压/V	额定正向工作电流/mA	最大浪涌电流/A	极间电容@1MHz/pF	反向恢复时间/ns
1N914	75	200	1	4	4
1N914A	75	200	1	4	4
1N914B	75	200	1	4	4
1N916	75	200	1	2	4
1N916A	75	200	1	2	4
1N916B	75	200	1	2	4
1N4148	75	200	1	4	4
1N4448	75	200	1	2	4

小功率二极管多采用红色玻璃管封装，常见的两种小功率二极管的封装形式如图 1.6 所示。

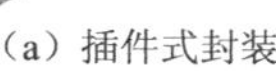

（a）插件式封装

（b）贴片式封装

图 1.6 常见的两种小功率二极管的封装形式

1.2.3 肖特基二极管

肖特基二极管（Schottky Barrier Diode）也称金属半导体二极管或肖特基势垒二极管，是一种低功耗、大电流、具有较短反向恢复时间的高速半导体二极管。

由表 1.2 和表 1.3 可以看出，与 1N91×系列和 1N4×××系列小功率二极管相比，额定正向工作电流较大的 1N58××系列肖特基二极管的极间电容较大，反向恢复时间较长，在满足工作电流要求的条件下，小功率二极管的极间电容和反向恢复时间特性更好。与其他额定正向工作电流相同的二极管相比，肖特基二极管的额定正向管压降较小，反向恢复时间较短，开关速度快，工作频率高，开关损耗小。因此，肖特基二极管特别适合用在低压、高频、大电流输出的电路中，如用在高频检波电路、混频电路、高速逻辑电路中作为钳位二极管，用在开关电源中作为高速开关等，是高频开关电路的理想器件。

表 1.3 肖特基二极管的主要技术参数

型　号	最高反向工作电压/V	额定正向工作电流/A	最大浪涌电流/A	极间电容@1MHz/pF	反向恢复时间/μs
1N5812	50	20	400	300	35
1N5814	100	20	400	300	35
1N5816	150	20	400	300	35
1N5817	20	1	25	110	35
1N5818	30	1	25	110	35
1N5819	40	1	25	110	35

与 1N4000 系列整流二极管相比，肖特基二极管的反向击穿电压较低，反向漏电流较大，容易因过热而发生反向击穿；并且肖特基二极管的反向漏电流具有正温度特性，在某一温度范围内，肖特基二极管的反向漏电流极易随结温的升高而急剧增大。因此，在实际使用时，要特别注意肖特基二极管的热失控问题。

在选用肖特基二极管时，应根据实际需要，重点考虑肖特基二极管的额定正向工作电流、额定反向工作电压、极间电容、反向恢复时间、截止频率等参数。

肖特基二极管的电路符号如图 1.7（a）所示，两种比较常用的引脚封装如图 1.7（b）和图 1.7（c）所示。

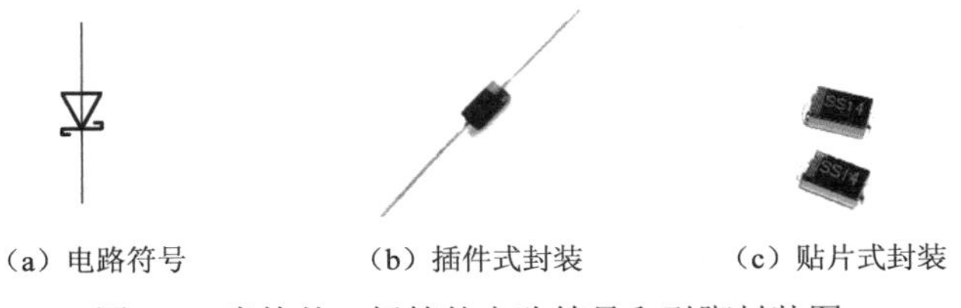

（a）电路符号　　（b）插件式封装　　（c）贴片式封装

图 1.7 肖特基二极管的电路符号和引脚封装图

1.2.4 发光二极管

发光二极管（Light Emitting Diode）的符号为 LED。

和普通二极管一样，发光二极管也具有单向导电性。

发光二极管可以把电能转化为光能，属于电流驱动型半导体器件，其发光亮度与其正向工作电流有关，正向工作电流越大，发光亮度越高。但在实际使用中我们会发现，当发光二极管的正向工作电流增大到一定值时，继续增大正向工作电流，其发光亮度不再有明显的变化。因此，在实际使用发光二极管时，应根据环境亮度要求来设定其正向工作电流，不可以盲目追求高发光亮度。在使用发光二极管时还必须注意，发光二极管的正向工作电流不可以超过其额定正向工作电流，否则发光二极管会因过热而烧毁。

在相同正向工作电流驱动下，不同颜色的发光二极管的正向管压降不同，随着光波频率的升高，发光二极管的正向管压降逐渐升高。在可见光范围内，红色发光二极管的正向管压降最低，蓝紫色发光二极管的正向管压降最高。

与普通二极管相比，发光二极管的额定正向工作电流较小，通常应小于 20mA。

随着发光二极管制造技术的不断进步和生产工艺的不断提高，如今很多发光二极管在小于 1mA 的正向工作电流驱动下也能正常发光，并且能够满足显示亮度的设计要求。

常用发光二极管的主要技术参数如表 1.4 所示，相对于其他种类的二极管，发光二极管的额定正向管压降较大，额定正向工作电流较低，额定反向击穿电压也较低，在使用时应特别注意。

表 1.4　常用发光二极管的主要技术参数

发光颜色	光波波长/nm	驱动电流为 20mA 时的正向管压降/V	反向击穿电压/V
无色（红外光）	850～940	1.5～1.7	5
红色	633～660	1.7～1.8	5
黄色	585～620	1.8～2.0	5
绿色	555～570	2.0～3.0	5
蓝色	430～470	3.0～3.8	5

发光二极管的发光亮度与其正向工作电流不为线性关系。当发光二极管的发光亮度较低时，增大其正向工作电流，其发光亮度会有明显提高。但当发光亮度提高到一定程度后，继续增大其正向工作电流，发光二极管的发光亮度不再有明显提高。并且，如果发光二极管长时间工作在大电流条件下，其使用寿命会明显缩短。因此，在发光亮度或发射功率已经满足设计要求的情况下，应使发光二极管尽量在较小电流的条件下工作。

为保证发光二极管不被烧坏，在使用发光二极管时，必须串联一个阻值合适的限流电阻，以限制发光二极管的正向工作电流，调节发光二极管的发光亮度。

发光二极管的电路符号如图 1.8（a）所示，其外形封装如图 1.8（b）所示，其工作电路原理图如图 1.8（c）所示。

在如图 1.8（c）所示的电路中，发光二极管的工作电流 I_{LED} 可以用下式计算

$$I_{LED} = \frac{V_{CC} - V_{LED}}{R}$$

目前发光二极管已经可以用很小的正向工作电流驱动。在使用时，应根据生产厂家提供

的产品数据手册及发光亮度和发射功率等具体设计要求，通过改变限流电阻的阻值来设定发光二极管的正向工作电流。

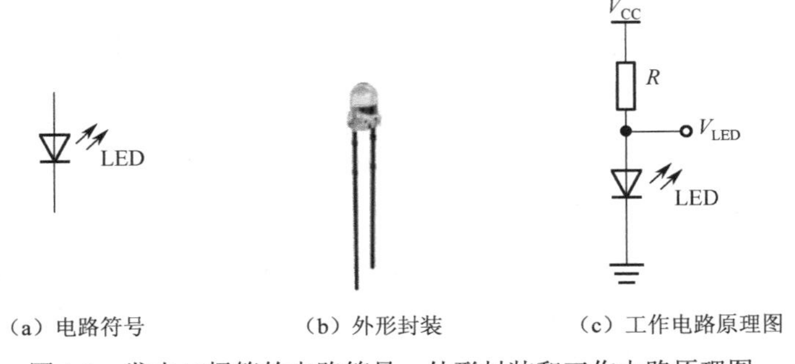

（a）电路符号　　（b）外形封装　　（c）工作电路原理图

图 1.8　发光二极管的电路符号、外形封装和工作电路原理图

从能量损耗的角度出发，在保证发光二极管可以正常发光，或者发射功率已经满足设计要求的前提下，发光二极管的正向工作电流设置得越小越好。

发光二极管的额定反向工作电压较低，一般不超过 5V。当发光二极管的反向管压降超过其额定反向工作电压时，发光二极管极易因过热而烧毁。

在选用发光二极管时，除要考虑普通二极管的基本参数以外，还要考虑以下光学参数。

（1）波长：光谱特性参数，可以体现发光二极管发出的光的单色性是否优良，颜色是否纯正。

（2）光强分布：发光二极管在不同空间角度发光强度的分布情况。光强分布参数会影响发光二极管显示装置的最小观察视角。

（3）发光效率：发光二极管的节能特性，用光通量与电功率之比表示。

（4）半强度辐射角：当发光强度为最大发光强度的 50%时所对应的辐射角。

与白炽灯相比，发光二极管具有体积小、重量轻、消耗能量低、响应时间快、环境适应能力强等优点。随着发光二极管产业的飞速发展，发光二极管的发光效率在不断提高，价格也在逐渐下降。行业的发展和技术的进步使发光二极管在照明领域的应用越来越广泛。

1.2.5　稳压二极管

稳压二极管也称齐纳二极管（Zener Diode），简称稳压管。在本书中用 VD_Z 表示稳压二极管。

稳压二极管的伏安特性曲线如图 1.9 所示。在规定的反向工作电流范围内，即在(I_{Zmin},I_{Zmax})的反向工作电流的驱动下，稳压二极管的反向击穿电压基本保持为 V_Z 不变。

稳压二极管的技术参数与普通二极管的不同，其主要技术参数的具体定义如下。

（1）最大工作电流 I_{Zmax}：保证稳压二极管能正常输出标称稳定电压所允许通过的最大反向工作电流。在允许范围内，稳压二极管的反向工作电流越大，其稳压效果越好，同时稳压二极管自身所消耗的功率也越大。当流经稳压二极管的反向工作电流超过其最大工作电流时，其自身消耗的功率将超过额定功率，稳压二极管会因过热而烧毁。

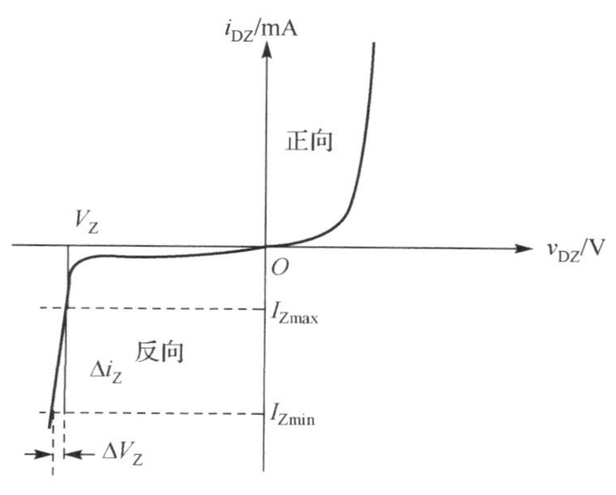

图 1.9　稳压二极管的伏安特性曲线

（2）最小工作电流 I_{Zmin}：保证稳压二极管能输出稳定电压值所必需的最小反向工作电流。稳压二极管是电流驱动型器件，所以需要一定的驱动电流来维持其正常稳压功能。当流经稳压二极管的反向工作电流低于其最小工作电流时，稳压二极管将失去稳压作用。

（3）标称稳压值 V_Z：在最大工作电流作用下，稳压二极管所产生的反向管压降。由于生产材料和制造工艺等方面的制约，即使是同一种型号、同一个批次生产出来的稳压二极管，其标称稳压值也存在一定的离散性。因此，禁止并联使用稳压二极管。

（4）额定功率 P_{ZM}：其数值等于标称稳压值 V_Z 与最大工作电流 I_{Zmax} 的乘积。在购买稳压二极管时，通常需要知道其额定功率和标称稳压值。

（5）动态电阻：稳压二极管的反向管压降变化量与工作电流变化量的比值。

（6）电压温度系数：在一定工作条件下，稳压二极管的反向管压降受温度变化影响的系数，即温度每变化 1℃，稳压二极管的反向管压降变化的百分比。

稳压二极管的电压温度系数有正、负之分，通常情况下，标称稳压值低于 4V 的稳压二极管，其电压温度系数为负值；标称稳压值高于 6V 的稳压二极管，其电压温度系数为正值；标称稳压值为 4～6V 的稳压二极管，其电压温度系数为正值或负值。在要求较高的应用场合中，可以将正、负两种温度系数的稳压二极管串联使用以实现温度补偿。

稳压二极管和普通二极管一样有两个引脚，其电路符号如图 1.10（a）所示，其实物图如图 1.10（b）所示，其工作电路原理图如图 1.10（c）所示。

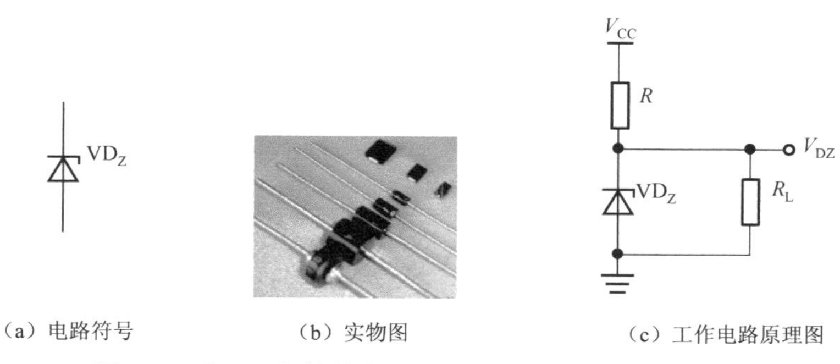

图 1.10　稳压二极管的电路符号、实物图和工作电路原理图

在使用稳压二极管时，也必须串联一个阻值合适的限流电阻，如图 1.10（c）所示，以调整稳压二极管的反向工作电流并保护稳压二极管，将稳压二极管的反向工作电流设定在规定范围内，可以保证稳压二极管长时间工作在反向击穿状态下而不被烧毁。

在如图 1.10（c）所示的电路中，稳压二极管的反向工作电流 I_{DZ} 可以用下式计算

$$I_{DZ}=\frac{V_{CC}-V_{DZ}}{R}-\frac{V_{DZ}}{R_L}$$

式中，V_{DZ} 是稳压二极管输出的稳压值。

稳压二极管的反向工作电流必须设定在 I_{Zmin} 和 I_{Zmax} 之间，在此范围内，稳压二极管的输出电压会稳定在 V_Z 附近，基本保持不变。当反向工作电流低于 I_{Zmin} 时，稳压二极管将进入反向截止状态而不再稳压；当反向工作电流高于 I_{Zmax} 时，稳压二极管会因过热而烧毁。在如图 1.10（c）所示的电路中，当改变限流电阻的阻值 R 或者改变负载电阻的阻值 R_L 时，稳压二极管的反向工作电流 I_{DZ} 都会发生变化。因此，在用稳压二极管设计电路时，除了要考虑空载时稳压二极管的反向工作电流，还必须考虑带负载后稳压二极管的反向工作电流变化是否满足器件参数的设计要求。

多数额定功率为 0.5W 的稳压二极管与通用小功率二极管 1N4148 一样，采用红色玻璃管封装。若不知道所选用的器件的型号，则单纯用肉眼很难分辨通用小功率二极管和稳压二极管。

在用稳压二极管设计电路时，应根据稳压二极管的主要技术参数和实际电路设计指标来确定其反向工作电流。如果设定的反向工作电流偏小，那么稳压二极管的稳压能力会降低；如果设定的反向工作电流偏大，那么稳压二极管自身的功耗会偏大。所以在设计电路时，应综合考虑各方面因素。

在选用稳压二极管时，其标称稳压值应等于或略高于设计要求的稳压值，其最大工作电流应高于最大负载电流的 50%。当负载电流变化范围较大时，还应考虑当负载电流变化到最大值和最小值时的极端情况下稳压二极管能否正常工作。

在选用稳压二极管时，除了要知道其标称稳压值，还必须知道其额定功率。在正常使用情况下，稳压二极管自身所消耗的功率不可以超过产品数据手册上规定的额定功率。在设计时，为了保证稳压二极管可以长时间稳定工作，其实际消耗的功率应小于额定功率，否则稳压二极管会因长时间过热而烧毁。在使用稳压二极管时，应查阅相关生产厂家提供的产品数据手册。

推荐产品数据手册免费下载网址：http://www.alldatasheet.com/。

如表 1.5 所示为仙童半导体公司（Fairchild Semiconductor）生产的 1N5200 系列部分常用稳压二极管的主要技术参数。

表 1.5　1N5200 系列部分常用稳压二极管的主要技术参数

型　号	稳 压 值/V	额 定 功 率/mW	反向工作电流为 20mA 时的动态电阻/Ω	反向工作电流为 0.25mA 时的动态电阻/Ω
1N5221B	2.4	500	30	1200
1N5222B	2.5	500	30	1250
1N5223B	2.7	500	30	1300
1N5224B	2.8	500	30	1400
1N5225B	3.0	500	29	1600

续表

型　号	稳　压　值/V	额定功率/mW	反向工作电流为 20mA 时的动态电阻/Ω	反向工作电流为 0.25mA 时的动态电阻/Ω
1N5226B	3.3	500	28	1600
1N5227B	3.6	500	24	1700
1N5228B	3.9	500	23	1900
1N5229B	4.3	500	22	2000
1N5230B	4.7	500	19	1900
1N5231B	5.1	500	17	1600
1N5232B	5.6	500	11	1600
1N5233B	6.0	500	7.0	1600
1N5234B	6.2	500	5.0	1000
1N5235B	6.8	500	5.0	750
1N5236B	7.5	500	6.0	500
1N5237B	8.2	500	8.0	500
1N5238B	8.7	500	8.0	600

如表 1.6 所示为摩托罗拉半导体公司（MOTOROLA Semiconductor）生产的额定功率为 1W 的 1N4700A 系列部分常用稳压二极管的主要技术参数。

表 1.6　1N4700A 系列部分常用稳压二极管的主要技术参数

型　号	稳压特性及动态参数			动态参数	
	稳　压　值/V	测试电流/mA	动态电阻/Ω	测试电流/mA	动态电阻/Ω
1N4728A	3.3	76	10	1	400
1N4729A	3.6	69	9	1	400
1N4730A	3.9	64	9	1	400
1N4731A	4.3	58	8	1	400
1N4732A	4.7	53	8	1	500
1N4733A	5.1	49	7	1	550
1N4734A	5.6	45	5	1	600
1N4735A	6.2	41	2	1	700
1N4736A	6.8	37	3.5	1	700
1N4737A	7.5	34	4	0.5	700
1N4738A	8.2	31	4.5	0.5	700
1N4739A	9.1	28	5	0.5	700
1N4740A	10	25	7	0.25	700
1N4741A	11	23	8	0.25	700
1N4742A	12	21	9	0.25	700
1N4743A	13	19	10	0.25	700
1N4744A	15	17	14	0.25	700
1N4745A	16	15.5	16	0.25	700
1N4746A	18	14	20	0.25	750

从表 1.5 和表 1.6 可以看出，稳压二极管的主要技术参数除包括稳压值和额定功率以外，还包括测试电流和动态电阻，并且对于测试电流和动态电阻都给出了两组数据，其中较大的测试电流对应稳压二极管的最大工作电流 I_{Zmax}，较小的测试电流对应稳压二极管的最小工作电流 I_{Zmin}。稳压二极管的反向工作电流应设定在最大工作电流 I_{Zmax} 和最小工作电流 I_{Zmin} 之间。

从表 1.5 和表 1.6 还可以看出，当稳压二极管的驱动电流较小时，其动态电阻较大。稳压二极管作为一种稳压器件，若动态电阻较大（相当于其内阻较大），则稳压效果相对较差。

1.2.6 双向稳压二极管

双向稳压二极管是由两个反向的稳压二极管串联并封装在一起构成的器件，其外部有 3 个引脚，其内部有两种接法：一种是两个正极连接在一起作为公共端；另一种是两个负极连接在一起作为公共端。因此，在使用双向稳压二极管前，必须先确定其引脚的连接形式。

在正常工作时，双向稳压二极管中的一个稳压二极管反向稳压，另外一个稳压二极管正向导通，若直接测量双向稳压二极管两个稳压引脚之间的压降，则测得的电压值是一个稳压二极管的反向稳压值与另外一个稳压二极管的正向导通压降之和。

在多数情况下，双向稳压二极管在双电源电路中使用。例如，在双电源供电的迟滞比较器中，利用双向稳压二极管的对称性，可以在迟滞比较器的输出端得到正、负对称的输出电压值。若买不到双向稳压二极管，则也可以用两个性能相同的稳压二极管反向串联成一个双向稳压二极管使用。

双向稳压二极管的电路符号如图 1.11（a）所示，其引脚封装如图 1.11（b）所示。

（a）电路符号　　（b）引脚封装

图 1.11　双向稳压二极管的电路符号和引脚封装

2DW230 系列双向稳压二极管是国产半导体器件，其内部设有温度补偿电路，具有电压温度系数低等优点，可以在需要精密稳压的电路中使用。

2DW230 系列双向稳压二极管的主要技术参数如表 1.7 所示。

表 1.7　2DW230 系列双向稳压二极管的主要技术参数

型　号	额定功率/mW	最大工作电流/mA	最高结温/℃	稳定电压/V	工作电流为 10mA 时的动态电阻/Ω	反向漏电流/μA
2DW230	200	30	150	5.8～6.6	≤15	≤1
2DW231				5.8～6.6	≤15	≤1
2DW232				6.0～6.5	≤10	≤1
2DW233				6.0～6.5	≤10	≤1
2DW234				6.0～6.5	≤10	≤1
2DW235				6.0～6.5	≤10	≤1
2DW236				6.0～6.5	≤10	≤1

从表 1.7 可以看出，2DW230 系列双向稳压二极管的额定功率是 200mW，最大工作电流是 30mA，工作电流为 10mA 时的动态电阻小于或等于 15Ω，动态电阻小的双向稳压二极管的稳压效果好。

1.2.7　双色发光二极管

双色发光二极管的内部封装了两种不同颜色的单色发光二极管。将两个单色发光二极管的阳极引脚或阴极引脚接到一起封装成一个器件，即可构成双色发光二极管。

按内部引脚连接方式不同，双色发光二极管可分为共阳极双色发光二极管和共阴极双色发光二极管。共阳极双色发光二极管内部的两个单色发光二极管的阳极连接在一起；共阴极双色发光二极管内部的两个单色发光二极管的阴极连接在一起。因此，在选用双色发光二极管时，应先确定其内部结构。

双色发光二极管的外形图如图 1.12（a）所示，其共阳极电路连接图如图 1.12（b）所示，其共阴极电路连接图如图 1.12（c）所示。

和使用普通发光二极管一样，在使用双色发光二极管时也必须串联限流电阻，以保护其内部电路，以及调节每个单色发光二极管的发光亮度。因此，需要给两个单色发光二极管分别串联限流电阻，如图 1.12（b）和图 1.12（c）所示，以保证两种单色光的发光亮度可以单独调节。

为使双色发光二极管可以显示出除两种单色光以外的第三种颜色，可以分别调整两个单色发光二极管串联的限流电阻的阻值，即调整不同颜色单色光的发光强度，利用光学原理，将两种不同颜色的单色光调和成第三种颜色的光。在如图 1.12（c）所示的电路中，通过控制 K1、K2 引脚上的电压值，或改变限流电阻的阻值 R_1、R_2，可以控制双色发光二极管显示出 4 种不同的状态。例如，红绿双色发光二极管有不发光、红色、绿色、黄色 4 种状态。

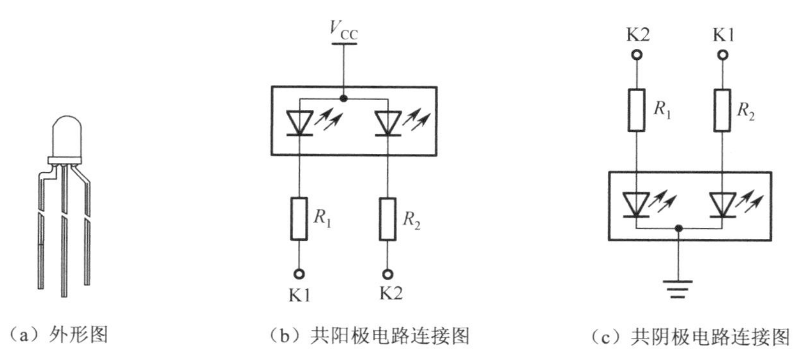

（a）外形图　（b）共阳极电路连接图　（c）共阴极电路连接图

图 1.12　双色发光二极管的外形图和电路连接图

1.2.8　数码管

数码管由多个发光二极管构成。

按发光段数不同，数码管可分为 7 段数码管和 8 段数码管。7 段数码管只能显示“8”字形；8 段数码管除了可以显示“8”字形，还可以显示小数点“.”。

将几个数码管封装在一起，按封装后所能显示的位数不同，数码管可分为 1 位数码管、2 位数码管、3 位数码管等。

按内部发光二极管的连接方式不同，数码管可分为共阳极数码管和共阴极数码管两大类。共阳极数码管是指内部所有发光二极管的阳极连接在一起作为公共阳极的数码管；共阴极数码管是指内部所有发光二极管的阴极连接在一起作为公共阴极的数码管。

共阳极数码管的电路连接图如图 1.13 所示，其公共阳极引脚 3 和 8 一起接到+5V 电源（高电平）上，通过控制引脚 K1～K8 的高、低电平可控制共阳极数码管显示相应的字符。

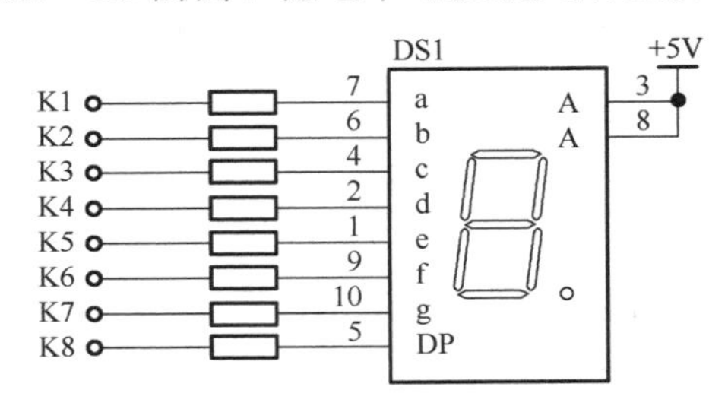

图 1.13　共阳极数码管的电路连接图

共阴极数码管的电路连接图如图 1.14 所示，其公共阴极引脚 3 和 8 一起接到参考地（低电平）上，通过控制引脚 K1～K8 的高、低电平可控制共阴极数码管显示相应的字符。

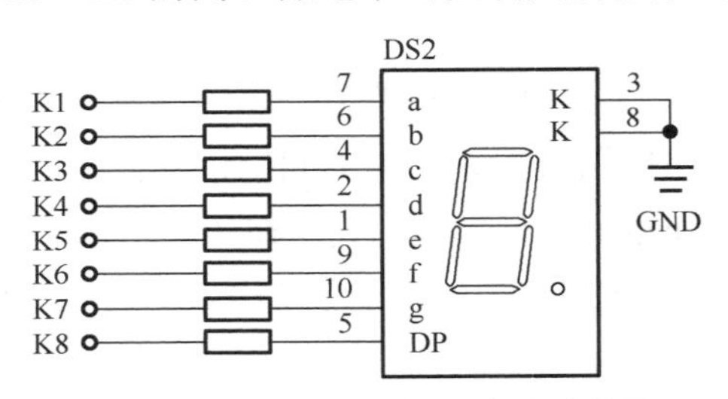

图 1.14　共阴极数码管的电路连接图

在使用数码管时，也必须串联限流电阻，以保护其内部的发光二极管，以及调节发光二极管的发光亮度。在设计电路时，最好不要只在公共引脚上直接串联一个限流电阻，而应该给 8 个显示字段 a、b、c、d、e、f、g、DP 所对应的引脚分别串联一个限流电阻，如图 1.13 和图 1.14 所示，当需要点亮某个显示字段时，只需要将对应显示字段所串联的限流电阻接到高电平或低电平上即可。因为在点亮每个显示字段时都需要一定的工作电流，所以如果只在公共引脚上串联一个限流电阻，那么当显示“8.”时，所有显示字段同时被点亮，此时流过该限流电阻的电流相对较大。因此，在选用限流电阻时，还必须考虑该限流电阻的功率参数是否满足设计要求。此外，如果只在公共引脚上串联一个限流电阻，那么当显示不同数字时，显示亮度也会因显示字段的段数不同而发生变化，从而直接影响显示效果。

1.2.9　光电二极管

光电二极管也称光敏二极管（Photosensitive Diode），其主要作用是将接收到的光能转换为电能，使电路参数发生变化。光电二极管常被用作检测器件，所示也称光电传感器。

光电二极管的伏安特性曲线如图 1.15 所示，光电二极管的测试电路如图 1.16 所示。从图 1.16 中可以看出：光电二极管所产生的电流是从其负极流出的。当接收到光照时，光电二极管相当于一个小电池，在分析电路时，可以把光电二极管当作光控电流源。

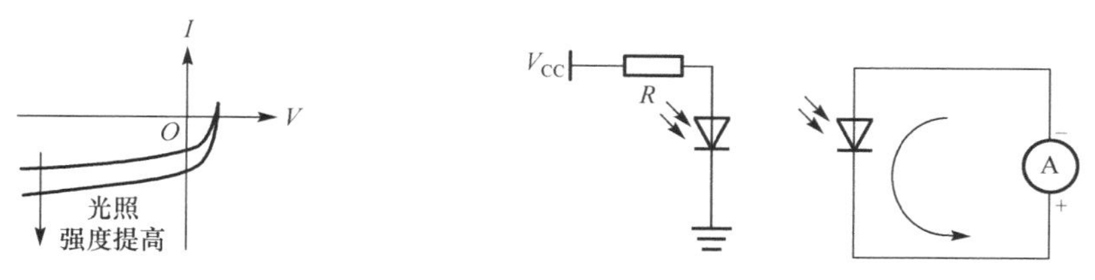

图 1.15　光电二极管的伏安特性曲线　　图 1.16　光电二极管的测试电路

光照强度不同，从光电二极管流出的电流就不同：光照强度越高，从光电二极管负极流出的电流越大。在如图 1.16 所示的电路中，改变供电电压 V_{CC} 或者改变限流电阻的阻值 R 都可以改变发射管的工作电流，即改变发射管的发光强度，从而改变光电二极管接收到的光照强度；改变发射管与接收管之间的距离，或者改变发射管与接收管之间的角度，也可以改变光电二极管接收到的光照强度，从而控制光电二极管输出电流的大小。

用量程合适的电流表可以直接测量出从光电二极管负极流出的电流。

光电二极管主要技术参数如下。

（1）暗电流：在没有入射光照射的条件下，从光电二极管负极流出的电流。

（2）光电流：在有入射光照射的条件下，从光电二极管负极流出的电流。

（3）灵敏度：光电二极管对光照强度反应的灵敏程度。

（4）转换效率：光通量与电功率的比值。

1.3　实验电路的设计与测试

学习并掌握二极管的基本工作原理是熟练使用二极管设计实验电路的基础和前提。本实验要求学生通过查阅相关产品技术资料，掌握常用二极管的选型依据，并能熟练使用指定的二极管设计实验电路。

1.3.1　通用二极管的设计与测试

用给定型号的二极管（如 1N4148、1N4007、1N5819 等）设计实验电路。

根据实验室条件，选用合适的器件并搭接实验电路。

查阅资料，根据二极管的种类和型号选用电压合适的电源及阻值合适的限流电阻，测试不同二极管的正向导通特性和反向截止特性，画出不同二极管的伏安特性曲线。

设计实验数据记录表格，测试并记录实验数据（如电源电压，限流电阻的阻值，二极管的正向管压降、工作电流、管功耗等）。

分析实验数据，说明怎样选用二极管的限流电阻，怎样设定二极管的工作电压，怎样测试二极管的工作电流和管功耗等。总结实验用二极管的基本特性及使用注意事项。

1.3.2 发光二极管的设计与测试

用给定颜色（如红色、黄色、绿色、蓝色等）的发光二极管设计实验电路。

根据实验室条件，选用合适的器件并搭接实验电路。

查阅资料，根据发光二极管的参数特性选用电压合适的电源和阻值合适的限流电阻，测试不同颜色发光二极管的导通压降，并计算其工作电流和管功耗等。

设计实验数据记录表格，测试并记录实验数据（如电源电压，限流电阻的阻值，发光二极管的正向管压降、工作电流、管功耗等）。

分析不同颜色发光二极管的正向管压降与发光颜色之间的关系，发光二极管的工作电流与发光亮度之间的关系，发光二极管的管功耗与发光亮度之间的关系等。总结设定发光二极管工作电流的基本原则和方法。

1.3.3 稳压二极管的设计与测试

用给定型号的稳压二极管（如1N4728A、1N5228B等）设计实验电路。

根据稳压二极管的参数和实验室条件，选用合适的器件并搭接实验电路，改变电源电压值，测试稳压二极管的反向稳压特性和正向导通特性，画出稳压二极管的伏安特性曲线。

设计实验数据记录表格，测试并记录实验数据（如电源电压，限流电阻的阻值，稳压二极管的输出电压、工作电流、管功耗等）。

根据稳压二极管的参数和实验室条件，选用合适的器件并搭接实验电路，改变负载电阻值，测试负载电流的变化对稳压二极管输出电压的影响。

设计实验数据记录表格，测试并记录实验数据（如电源电压，限流电阻的阻值，负载电阻的阻值，稳压二极管的输出电压、工作电流、负载电流、管功耗等）。

分析稳压二极管的输出电压与工作电流之间的关系，管功耗与工作电流之间的关系，负载电流与工作电流之间的关系，负载电流与输出电压之间的关系等。总结设定稳压二极管工作电流的基本原则和方法。

1.3.4 双向稳压二极管的设计与测试

用万用表测量指定双向稳压二极管（如2DW231、2DW232等）的引脚极性，根据测量结果画出双向稳压二极管的电路符号和引脚封装图。

设计测试电路和测试方法，测试给定双向稳压二极管的稳压值。

根据实验室条件，选用合适的器件并搭接实验电路。

设计实验数据记录表格，测试并记录实验数据（如电源电压，限流电阻的阻值，单个稳压二极管的反向稳压值，单个稳压二极管的正向导通压降，两个稳压二极管反向级联的稳压值等）。

比较测试数据，分析说明双向稳压二极管与单向稳压二极管的异同点。

根据实验数据，总结确定双向稳压二极管限流电阻的原则和方法。

1.3.5　整流电路的设计与测试

用指定型号的整流二极管（如 1N4000 系列整流二极管）设计一个桥式全波整流电路。

根据实验室条件，选用合适的器件并搭接实验电路。

在整流电路的输入端加正弦波交流输入信号，在输出端加直流负载，用示波器观测交流输入信号的波形并记录下来，注意观测并记录输入信号的周期和幅值等参数。

将示波器的探头与交流输入信号断开，用示波器观测输出信号的波形并记录下来。在观测输出信号的波形时，应将示波器的通道耦合方式设置成直流耦合方式。

改变输出端直流负载的电阻值，观测输出信号波形的变化并记录下来。

分析说明为什么不用同一台示波器的两个通道同时观测输入信号、输出信号波形的变化。

设计实验数据记录表格，画出输入信号、输出信号波形，注意记录输入信号、输出信号波形的时间对应关系，记录实验数据（如周期、频率、最大值、最小值等），计算整流效率。

比较输入信号、输出信号波形的变化，总结桥式全波整流电路的作用。

1.3.6　双色发光二极管的设计与测试

用万用表测试给定双色发光二极管各引脚极性（是正极还是负极），根据各引脚的极性判断其内部结构，画出其电路符号和引脚封装图，确定其类型（是共阳极的还是共阴极的）。

设计实验电路和测试方法，测试并观察双色发光二极管的几种不同显示状态。

根据实验室条件，选用合适的器件并搭接实验电路，观测双色发光二极管中两种单色光的颜色并记录下来。

根据发光二极管的工作电流与发光亮度之间的关系，改变限流电阻的阻值，分别调节两种不同颜色单色光的亮度，以保证当同时点亮两种单色光时，可以将这两种单色光调和成第三种颜色的光。

在调试电路过程中，应特别注意控制发光二极管的工作电流，以防发光二极管烧毁。

设计实验数据记录表格，记录电源电压，以及在显示第三种颜色的光时所使用的两个限流电阻的阻值，计算两种不同颜色发光二极管的工作电流和管功耗等。

总结使双色发光二极管发出第三种颜色光的电路设计和调试方法。

1.3.7　数码管驱动电路的设计与测试

用万用表测试给定的数码管，找出其公共引脚，确定其他各引脚与各显示字段的对应关系。画出引脚封装图，标出各显示字段对应的引脚及公共引脚，并指出数码管的类型（是共阳极的还是共阴极的）。

用列表法给出外部引脚与显示字段之间的对应关系。

设计测试电路和测试方法，使数码管显示指定字符。

根据实验室条件，选用合适的器件并搭接实验电路。

设计实验数据记录表格，测试并记录当显示不同字符时各引脚的工作状态。

动态驱动是将各个数码管的 8 个显示字段 a、b、c、d、e、f、g、DP 的同名端连在一起，另外在每个数码管的公共极设有位选通控制端。位选通是通过各个数码管独立的 I/O 线控制的，当单片机输出字形码时，所有数码管都接收到相同的字形码，但究竟哪个数码管会显示出字形，取决于单片机对位选通端的控制，只有需要显示字形的数码管被选通，该数码管显示出字形，没有被选通的数码管不会显示字形。数码管动态驱动显示方式，通过分时轮流控制各个数码管的位选通端，使各个数码管轮流受控显示。

在轮流显示过程中，每个数码管的点亮时间为 1～2ms，由于人的视觉暂留现象（或称发光二极管的余晖效应)，尽管实际上各个数码管并非同时点亮，但只要扫描的速度足够快，人眼看到的就是一组稳定的显示数据，而没有闪烁感。

动态显示的效果和静态显示的效果是一样的，并且能够节省大量的 I/O 端口，且功耗更低。

1.3.8 光电二极管的设计与测试

用万用表测试并判断光电二极管的引脚极性。

设计测试电路和测试方法，测试并观察流经光电二极管的电流的变化。

根据实验室条件，选用合适的器件并搭接实验电路。

改变测试条件，观察流经光电二极管的电流的变化，判断给定光电二极管是否在正常工作。

设计实验数据记录表格，分别改变发射功率或者发射管与接收管之间的距离或角度，测试并记录在不同条件下光电二极管的工作电流。

根据实验数据总结增大光电二极管工作电流的方法。

1.4 思 考 题

1. 在指定二极管型号和给定电源电压的条件下，即二极管的额定正向工作电流已知，如何选用二极管的限流电阻？
2. 在指定稳压二极管型号和给定电源电压的条件下，即稳压二极管的额定功率、工作电流和标称稳压值已知，如何选用稳压二极管的限流电阻？

3. 在没有电流表的条件下，如何测量并计算得到二极管的工作电流？
4. 二极管的导通电阻与哪些参数有关？如何计算二极管的导通电阻？
5. 二极管的静态管功耗与哪些参数有关？如何计算二极管的静态管功耗？
6. 如何用万用表判断双色发光二极管是共阴极的还是共阳极的？
7. 如何用万用表判断数码管是共阴极的还是共阳极的？如何用万用表判断并确定数码管每个引脚所对应的显示字段？
8. 设计一种简单的实验方法，测试并判断给定的光电二极管是否功能正常。

第 2 章　单管放大电路

单管放大电路是指用单个晶体三极管或场效应管设计而成的放大电路。

单管器件种类繁多，可构成的电路形式多样，因此单管放大电路有多种不同的设计方法。

熟练掌握单管放大电路的设计和分析方法，是设计和分析差分放大电路与集成运算放大器的基础及前提。

2.1　晶体三极管单管放大电路设计基础

半导体三极管又称晶体三极管，简称晶体管，是由两个能相互影响的 PN 结构成的。

晶体三极管分为 PNP 型晶体三极管和 NPN 型晶体三极管，其电路符号如图 2.1 所示。

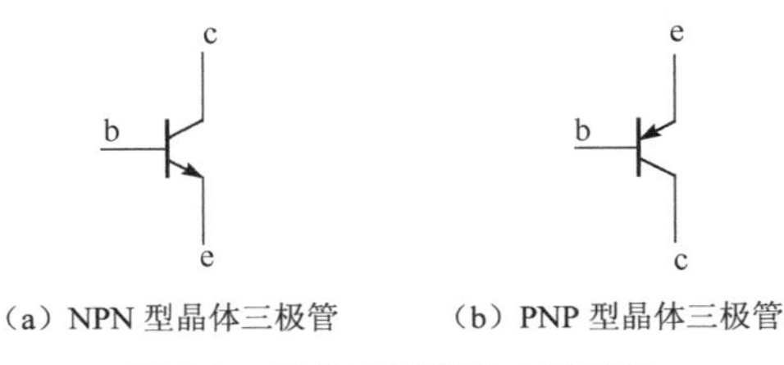

（a）NPN 型晶体三极管　　（b）PNP 型晶体三极管

图 2.1　晶体三极管的电路符号

晶体三极管有 3 个工作区域，中间的区域称为基区，两边的区域分别称为发射区和集电区，这 3 个工作区域所对应的电极引线分别称为基极（b）、发射极（e）和集电极（c）。晶体三极管在电路中的主要作用是控制电流，简单地说就是通过流入晶体三极管基极的小电流控制流经集电极和发射极的大电流，因此可以认为晶体三极管是一种电流控制型器件。

2.1.1　晶体三极管的引脚判别

用数字万用表的二极管挡可以对晶体三极管的引脚进行简单的判别。具体的判别方法是，先用数字万用表的二极管挡找到基极，基极相对于集电极和发射极的电极特性相同，要么都导通，要么都截止。如果红表笔接在基极，黑表笔接在集电极或发射极，集电结和发射结都导通，则可以判定该晶体三极管为 NPN 型晶体三极管；如果黑表笔接在基极，红表笔接在集电极或发射极，集电结和发射结都导通，则可以判定该晶体三极管为 PNP 型晶体三极管。

与集电结相比，发射结的面积小、较薄、掺杂浓度高、载流子浓度高，因此发射结和集电结的正向导通压降略有不同。通常情况下，发射结的正向导通压降要比集电结的略高一些。

因此，在相同测试条件下，可以根据发射结和集电结的正向导通压降来判断哪个引脚是发射极，哪个引脚是集电极。但是由于测量误差的存在及测量仪器精度的制约，有时候很难区分发射结和集电结中哪个结的正向导通压降高，因此最保险的办法是查阅相关生产厂家提供的产品数据手册，查看引脚封装图。

推荐产品数据手册免费下载网址：http://www.alldatasheet.com/。

2.1.2　晶体三极管的主要技术参数

晶体三极管的技术参数主要用来表征其性能优劣及其适用范围，是合理选择和正确使用晶体三极管的主要依据。晶体三极管的主要技术参数如下。

（1）电流放大系数：也称电流放大倍数，是用来表征晶体三极管电流放大能力的参数。电流放大系数分为直流电流放大系数和交流电流放大系数。直流电流放大系数也称静态电流放大系数，是指在直流输入状态下，晶体三极管集电极电流 I_C 与基极偏置电流 I_B 的比值，一般用 $\overline{h_{FE}}$ 或 $\overline{\beta}$ 表示。交流电流放大系数也称动态电流放大系数，是指在交流输入状态下，晶体三极管的集电极电流的变化量 Δi_c 与基极偏置电流变化量 Δi_b 的比值，一般用 h_{FE} 或 β 表示。

（2）集电极最大允许电流 I_{CM}：当集电极电流增大到一定值时，电流放大系数将下降，当电流放大系数下降到额定值的 2/3 时所对应的集电极电流即集电极最大允许电流。

（3）集电极最大允许耗散功率 P_{CM}：是指晶体三极管集电极最大允许电流和管压降的乘积，即 $P_{CM}=I_{CM}\times V_{CE}$。在实际使用晶体三极管时，集电极的实际耗散功率不允许超过集电极最大允许耗散功率，否则晶体三极管会因温度过高而烧毁。

（4）穿透电流 I_{CEO}：当基极开路时，从集电区穿过基区流向发射区的电流。该电流受温度的影响较大，因此该值越小，晶体三极管的热稳定性越好。

（5）集电极-发射极击穿电压 V_{CEO}：当基极开路时，集电极和发射极之间的击穿电压，该电压与穿透电流有关。

（6）特征频率 f_T：也称单位增益带宽，是指当 $\beta=1$ 时所对应的频率。

（7）集电极-基极反向电流 I_{CBO}：当发射极开路、集电结反偏时，集电极和基极之间的反向饱和电流。在一定温度下，该电流是一个常数，并且很小，但其会随温度的升高而增大。

（8）集电极-基极反向击穿电压 $V_{(BR)CBO}$：当发射极开路时，集电极和基极之间的反向击穿电压。该值相对较高，通常小功率三极管的 $V_{(BR)CBO}$ 为几十伏。

（9）发射极-基极反向击穿电压 $V_{(BR)EBO}$：当集电极开路时，发射极和基极之间的反向击穿电压。该值相对较低，通常小功率三极管的 $V_{(BR)EBO}$ 为几伏。

为了使晶体三极管安全工作，在实际使用时，集电极工作电流应小于集电极最大允许电流 I_{CM}，集电极与发射极之间的工作电压应小于集电极-发射极击穿电压 V_{CEO}，集电极的实际耗散功率应小于集电极最大允许耗散功率 P_{CM}。上述 3 个极限参数决定了晶体三极管的安全工作区。

2.1.3 晶体三极管单管放大电路

按输入回路、输出回路公共端的不同，晶体三极管单管放大电路有 3 种基本组态，分别是共发射极单管放大电路、共集电极单管放大电路和共基极单管放大电路。

不论在哪种组态中，都必须先给单管放大电路的直流通路设置合适的静态工作点，然后在指定的输入端接入动态范围合适的交流输入信号，利用基极偏置电流对集电极电流的控制作用，就可以在输出端得到一个按输入信号规律变化的交流输出信号。

无论是 NPN 型晶体三极管，还是 PNP 型晶体三极管，在被当作放大器件使用时，都必须给发射结加正偏电压，给集电结加反偏电压，以实现放大电流功能。

晶体三极管虽然有电流放大功能，但其自身却是耗能器件，其放大信号所需要的能量必须由直流稳压电源提供。

1. 共发射极单管放大电路

共发射极单管放大电路的输入信号从基极加入，输出信号从集电极获得，发射极既在输入回路上，也在输出回路上，因此该电路被称为共发射极单管放大电路。

典型的共发射极单管放大电路如图 2.2 所示。其直流偏置电路是由直流稳压电源（电压为 V_{CC}）、基极电阻（阻值分别为 R_{b11}、R_{b12} 和 R_{b2}）、发射极电阻（阻值为 R_e）和集电极电阻（阻值为 R_c）组成，被称为基极分压式发射极负反馈偏置电路。

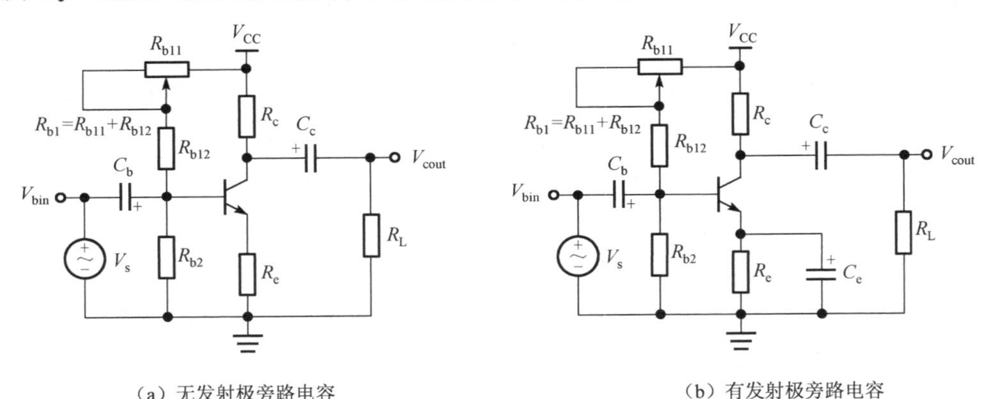

图 2.2 典型的共发射极单管放大电路

图 2.2（a）中的交流输入阻抗为

$$R_i = R_{b1}//R_{b2}//[r_{be} + (1+\beta)R_e]$$

在基极静态电压 V_{BQ} 不变的条件下，当温度升高时，流经集电结和发射结的静态电流 I_{CQ} 和 I_{EQ} 变大，发射极电压 $V_{EQ}=R_e \times I_{EQ}$ 升高，发射结的压降 $V_{BEQ}=V_{BQ}-V_{EQ}$ 降低，基极静态工作电流 I_{BQ} 随之变小，相应的集电结和发射结的静态工作电流 I_{CQ} 和 I_{EQ} 也变小；反之亦然。因此，发射极电阻一方面可以稳定单管放大电路的静态工作点；另一方面可以提高单管放大电路的输入阻抗。

图 2.2（a）中的交流输出阻抗为

$$R_o = R_c // R_L$$

交流电压放大倍数为

$$A_v = \frac{-\beta i_b (R_c // R_L)}{i_b r_{be} + (1+\beta) i_b R_e} = \frac{-\beta (R_c // R_L)}{r_{be} + (1+\beta) R_e}$$

从上式中可以看出：发射极电阻的负反馈作用降低了共发射极单管放大电路对交流信号的放大能力。

为了提高共发射极单管放大电路对交流信号的放大能力，可以在图 2.2（a）的基础上，在发射极和地之间增加一个旁路电容，如图 2.2（b）所示。

电容有隔直通交的作用。在静态情况下，旁路电容不起作用。

在选择旁路电容的容值 C_e 时，应保证在通频带范围内其容抗相对于发射极电阻的阻抗很小。当有交流信号输入时，交流信号通过旁路电容流到地。流经发射极电阻的电流很小，可以忽略不计。在交流通路中，旁路电容起主要作用，用于提高共发射极单管放大电路对交流信号的放大能力。

图 2.2（b）中的交流输入阻抗为

$$R_i = R_{b1} // R_{b2} // r_{be}$$

交流输出阻抗不变，仍为

$$R_o = R_c // R_L$$

交流电压放大倍数为

$$A_v = \frac{-\beta i_b (R_c // R_L)}{i_b r_{be}} = \frac{-\beta (R_c // R_L)}{r_{be}}$$

共发射极单管放大电路的电压增益和电流增益都大于 1，输出电压与输入电压的相位相反，输入阻抗介于共集电极单管放大电路输入阻抗和共基极单管放大电路输入阻抗之间，输出阻抗与集电极电阻有关，常被用于处理低频信号的放大。

2. 共集电极单管放大电路

共集电极单管放大电路的输入信号从基极加入，输出信号从发射极获得，集电极既在输入回路上，也在输出回路上，因此该电路被称为共集电极单管放大电路。

实验中常用的共集电极单管放大电路如图 2.3 所示，其交流输入阻抗为

$$R_i = R_{b1} // R_{b2} // [r_{be} + (1+\beta)(R_e // R_L)]$$

交流输出阻抗为

$$R_o = R_e // R_L // \frac{r_{be} + R_s // R_{b1} // R_{b2}}{1+\beta}$$

交流电压放大倍数为

$$A_v = \frac{(1+\beta) i_b (R_e // R_L)}{i_b r_{be} + (1+\beta) i_b (R_e // R_L)} = \frac{(1+\beta)(R_e // R_L)}{r_{be} + (1+\beta)(R_e // R_L)} < 1$$

当交流等效负载电阻（$R_e//R_L$）远大于发射结的结电阻 r_{be} 时，交流输出电压和输入电压近似相等，因此共集电极单管放大电路又被称为射极电压跟随器，简称射随器。

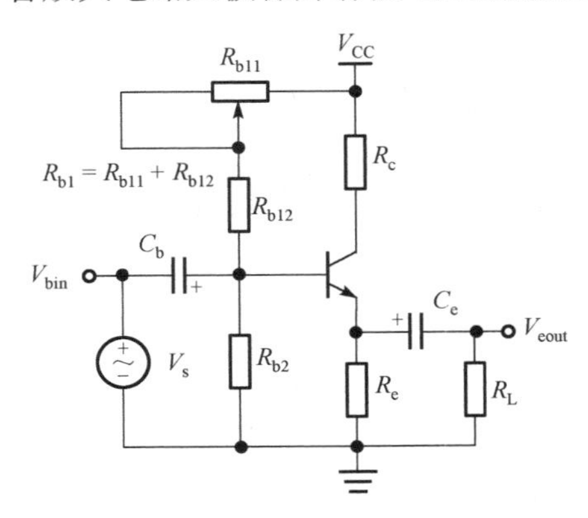

图 2.3 实验中常用的共集电极单管放大电路

晶体三极管工作在放大区，其发射极电流是基极偏置电流的$(1+\beta)$倍，因此共集电极单管放大电路具有电流放大作用和功率放大作用，其电压增益略小于 1，没有电压放大作用，有电压缓冲作用，输出电压和输入电压的相位相同。

利用共集电极单管放大电路输入阻抗高、能从信号源汲取小电流的特点，可以将其作为多级放大电路的输入级；利用共集电极单管放大电路输出阻抗低、带负载能力强的特点，可以将其作为多级放大电路的输出级；利用共集电极单管放大电路输入阻抗高、输出阻抗低的特点，可以将其作为多级放大电路的中间级，用作缓冲级在电路中起阻抗变换作用，以断开前后级之间的影响。

3. 共基极单管放大电路

共基极单管放大电路的输入信号从发射极加入，输出信号从集电极获得，基极既在输入回路上，也在输出回路上，因此该电路被称为共基极单管放大电路，如图 2.4 所示。

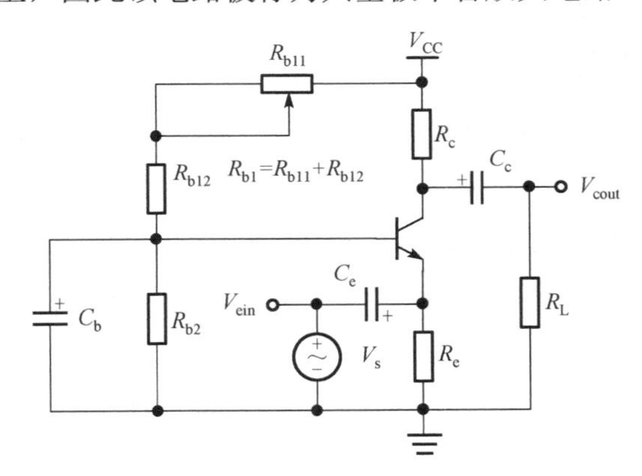

图 2.4 共基极单管放大电路

图 2.4 所示电路的交流输入阻抗为

$$R_{in}=R_e//\frac{r_{be}}{1+\beta}$$

交流输出阻抗为

$$R_{out}=R_c//R_L$$

交流电压放大倍数为

$$A_v=\frac{-\beta i_b(R_c//R_L)}{-i_b r_{be}}=\frac{\beta(R_c//R_L)}{r_{be}}$$

共基极单管放大电路的输入阻抗小，输出阻抗与集电极电阻有关，电流增益小于 1，通频带宽，高频特性好，通常被用在高频放大电路或宽频放大电路中。

2.1.4　共发射极单管放大电路的伏安特性曲线

共发射极单管放大电路的输入特性曲线描述了当管压降 V_{CEQ} 为某一定值时，基极输入电流 i_B 与发射结的压降 V_{BEQ} 之间的关系，如图 2.5（a）所示。当将晶体三极管作为放大器件使用时，要求发射结正偏、集电结反偏。晶体三极管发射结正偏时导通压降与工作电流的关系和二极管正偏时导通压降与工作电流的关系类似。

共发射极单管放大电路的输出特性曲线描述了当基极偏置电流 i_B 为某一定值时，集电极电流 i_C 与管压降 V_{CEQ} 之间的关系，如图 2.5（b）所示。

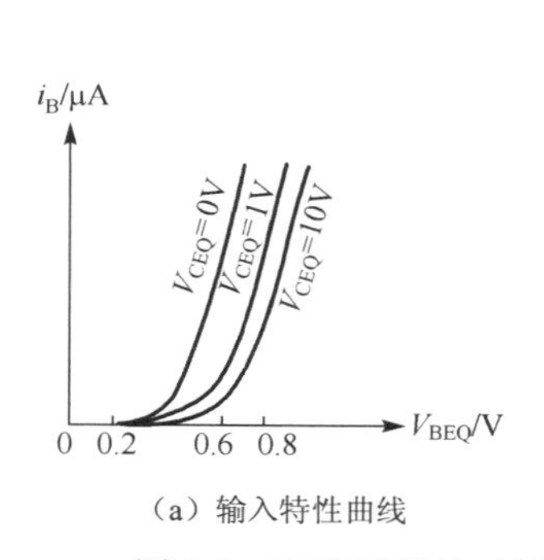

（a）输入特性曲线

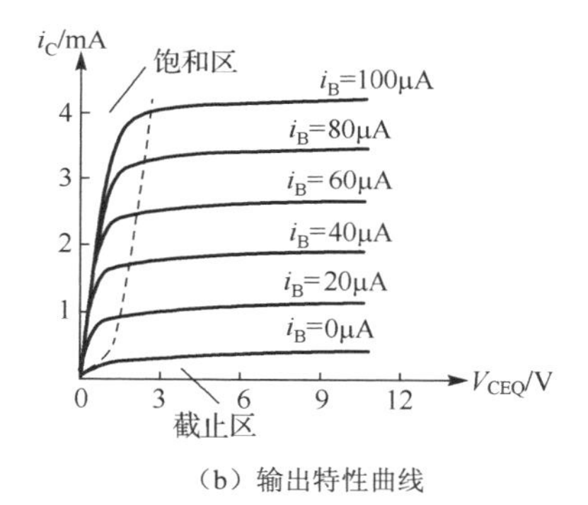

（b）输出特性曲线

图 2.5　NPN 型晶体三极管共发射极单管放大电路的伏安特性曲线

晶体三极管对基极偏置电流有放大作用，当基极偏置电流发生变化时，集电极电流和发射极电流也会随之变化。当电源电压、集电极电阻和发射极电阻的阻值不变时，晶体三极管的管压降会随基极偏置电流变化。因此，在共发射极单管放大电路中，在基极偏置电流从零开始增大的过程中，晶体三极管会经历 3 种不同的工作状态，其输出特性曲线也被相应地划分为 3 个不同的工作区域：截止区、放大区和饱和区。

截止区——开始基极偏置电流很小，不能使发射结正偏，即发射结不能导通，三极管的两个 PN 结都处于反向截止状态，此时晶体三极管工作在截止区。对于小功率晶体三极管，其基极偏置电流很小。在工程上把输出特性曲线中基极偏置电流 i_B=0μA 以下的区域定义为截止区。在截止区，流经基极、集电极和发射极的电流都非常小，在工程计算时可以忽略不计，集电极和发射极之间相当于一个断开的开关。

放大区——随着基极偏置电流的增大，发射结逐渐进入导通状态，即发射结正偏、集电结反偏，集电极电流 i_C 受基极偏置电流 i_B 的控制，即 $i_C = \beta i_B$，此时晶体三极管工作在放大区。工作在放大区的晶体三极管，其管压降 V_{CEQ} 的变化对集电极电流 i_C 的变化影响很小。当对小信号进行放大时，该影响可以忽略，可以认为是线性放大。

饱和区——当基极偏置电流继续增大，增大到使晶体三极管的发射结和集电结都处于正偏状态，即集电极电阻和发射极电阻上的总压降几乎接近于电源电压时，晶体三极管的管压降 V_{CEQ} 变得很小，晶体三极管工作在饱和区。工作在饱和区的晶体三极管，其集电极电流不再受基极偏置电流的控制，已经失去了电流放大作用。当晶体三极管工作在饱和区时，因管压降 V_{CEQ} 很小，在工程计算中可以认为集电极电压和发射极电压相等，此时晶体三极管相当于一个导通的开关，因此晶体三极管的饱和状态也被称为饱和导通状态。

在调试电路时，如果晶体三极管的静态工作点设置得较低，即基极偏置电流较小，则当加在基极输入端的交流信号的负半周与偏置信号叠加时，基极偏置电流减小；当基极偏置电流减小到不能使发射结导通时，晶体三极管工作在截止区，输出信号波形将发生截止失真。

同理，如果晶体三极管的静态工作点设置得较高，即基极偏置电流较大，则当加在基极输入端的交流信号的正半周与偏置信号叠加时，基极偏置电流增大，集电极和发射极的电流也增大，集电极电阻和发射极电阻的压降增大，管压降减小。当基极偏置电流增大到使管压降减小到使集电结和发射结都正偏时，晶体三极管进入饱和区，输出信号波形将发生饱和失真。

2.2 常用小功率晶体三极管

在选用晶体三极管时，首先要确定管型，即确定是选 NPN 型晶体三极管还是选 PNP 型晶体三极管。其次要考虑集电极最大允许电流 I_{CM}、集电极最大允许耗散功率 P_{CM}、集电极-发射极击穿电压 V_{CEO}、集电极-基极反向击穿电压 $V_{(BR)CBO}$、发射极-基极反向击穿电压 $V_{(BR)EBO}$ 等极限参数是否满足设计要求。如果待处理信号的频率较高，则还应考虑晶体三极管的特征频率 f_T 等高频参数是否满足设计要求。同种型号、不同封装形式的晶体三极管或不同厂家生产的同种型号、同种封装形式的晶体三极管，其技术参数略有区别，在使用时应查阅相关生产厂家提供的产品数据手册。

推荐产品数据手册免费下载网址：http://www.alldatasheet.com/。

常用小功率晶体三极管的主要技术参数如表 2.1 所示。从表 2.1 中可以看出，小功率晶体三极管的 β 范围较宽，即使是同种型号、同种封装形式的晶体三极管，其电流放大系数 β 的离散性也较大。小功率晶体三极管 S9018 的特征频率 f_T 较高，高频特性较好，但其集电极最大允许电流 I_{CM} 较小。

TO-92 插件式封装和 SOT-23 贴片式封装是小功率晶体三极管常用的两种封装形式，如图 2.6 所示。为方便搭接实验电路，实验室提供的器件主要采用插件式封装。在选用晶体三极管时，应注意查阅相关生产厂家提供的产品数据手册，以确定器件的封装形式和引脚排列方式等。

表 2.1　常用小功率晶体三极管的主要技术参数

型　号	类　型	P_{CM}/mW	I_{CM}/mA	$V_{(BR)CBO}$/V	V_{CEO}/V	$V_{(BR)EBO}$/V	h_{FE}或β	f_T/MHz	封装形式
2N5401	PNP	625	600	160	150	5	60～240	100	TO-92
2N5551	NPN	625	600	180	160	6	80～250	100	TO-92
S9012	PNP	625	500	40	25	5	64～300	150	TO-92
S9013	NPN	625	500	40	30	5	96～246	140	TO-92
S9014	NPN	450	100	50	45	5	60～1000	150	TO-92
S9016	NPN	300	25	30	20	5	28～270	300	TO-92
S9018	NPN	400	50	30	15	5	28～198	700	TO-92
S8050	NPN	625	500	40	25	5	85～300	150	TO-92
S8550	PNP	625	500	40	25	5	85～300	150	TO-92

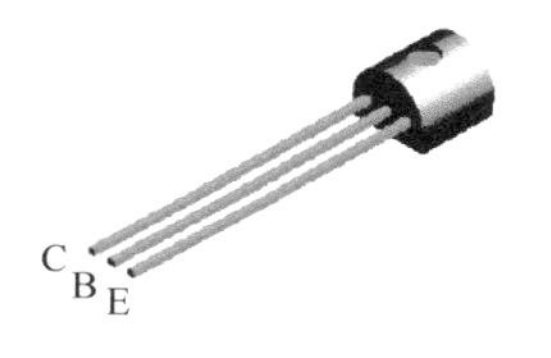

（a）TO-92 插件式封装

（b）SOT-23 贴片式封装

图 2.6　小功率晶体三极管常用的两种封装形式

2.3　实验电路的设计与测试

单管放大电路的设计与测试实验内容繁多，本实验要求学生掌握的内容主要包括用 NPN 型晶体三极管设计单管放大电路、设置并调节单管放大电路的静态工作点、测试并评价单管放大电路的交流放大特性等。

2.3.1　晶体三极管单管放大电路静态工作点的设置与调节

在用晶体三极管设计单管放大电路时，首先应设置晶体三极管的静态工作点，使晶体三极管工作在放大区，以保证单管放大电路可以对小信号进行不失真的交流放大。

两种常用的 NPN 型晶体三极管单管放大电路静态工作点设置电路如图 2.7 所示。

图 2.7（a）是基极电阻分压式发射极偏置静态工作点设置电路。偏置电路是由直流电源（电压为 V_{CC}）、基极（电阻阻值分别为 R_{b11}、R_{b12} 和 R_{b2}）、发射极电阻（阻值为 R_e）和集电极电阻（阻值为 R_c）构成的。其中基极分压电阻是由阻值为 R_{b11} 的电位器和阻值为 R_{b12} 的电阻构成的，用于完成静态工作点的调节。通过调节电位器的阻值，可以改变流入晶体三极管基极的偏置电流的大小。晶体三极管具有放大作用，集电极和发射极的静态工作电流随基极偏

置电流的变化而变化，从而改变单管放大电路的静态工作电压。

连接在发射极的阻值为 R_e 的负反馈电阻能起到稳定静态工作电压的作用。

图 2.7（b）是基极限流式发射极偏置静态工作点设置电路。偏置电路是由直流电源（电压为 V_{CC}）、基极电阻（阻值分别为 R_{b1}、R_{b2}）、发射极电阻（阻值为 R_e）和集电极电阻（阻值为 R_c）构成的。通过调节电位器的阻值，可以改变流入晶体三极管基极的偏置电流的大小。由于晶体三极管具有放大作用，集电极和发射极的静态工作电流随基极偏置电流的变化而变化，从而改变单管放大电路的静态工作电压。

与图 2.7（a）相比，图 2.7（b）中少了一个基极对地电阻，该电阻对基极偏置电流有分流作用。在计算基极静态工作电流时，采用如图 2.7（b）所示的电路相对简单。

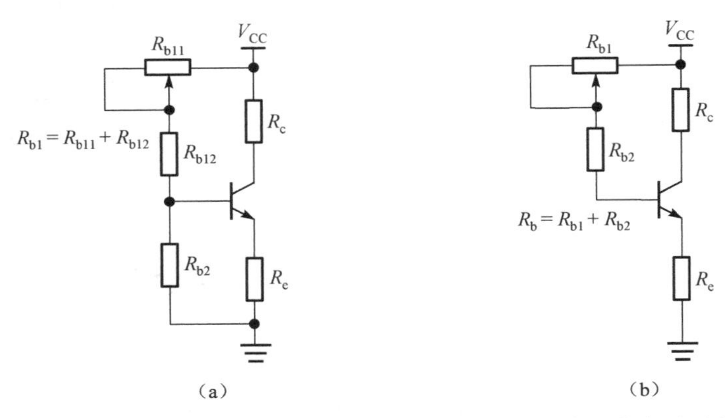

图 2.7　两种常用的 NPN 型晶体三极管单管放大电路静态工作点设置电路

在设置静态工作点时，通过调整电位器的阻值来改变基极偏置电流的大小。应选用阻值合适的发射极电阻和集电极电阻，以保证晶体三极管不至于因发射极电阻和集电极电阻的总压降过大而迅速进入饱和区。通常情况下，应保证晶体三极管的集电极静态工作电压 V_{CQ} 高于电源电压 V_{CC} 的一半，且不应接近电源电压 V_{CC}，给交流信号留下足够的变化空间，否则在加入交流输入信号后，输入信号的正半周部分时间段内晶体三极管可能会进入饱和区。例如，若交流输出信号的动态范围峰值为 1V，则集电极静态工作电压最好低于电源电压 2V 以上，即 $1/2V_{CC}<V_{CQ}<V_{CC}-2V$。

为保证在加入交流输入信号后，晶体三极管不至于进入饱和区，在设置静态工作电压时，还应保证晶体三极管有足够大的管压降，即在加入交流输入信号后，保证发射极电阻和集电极电阻的压降之和不至于过大而使晶体三极管进入饱和区，因此发射极电阻和集电极电阻必须是同一数量级的电阻，且应配对选用（$R_c>R_e$）。通过改变基极偏置电流调节管压降 V_{CEQ}，可以保证晶体三极管工作在放大区。

用 Multisim 设计的单管放大电路静态工作点设置电路如图 2.8 所示。

晶体三极管选用了虚拟器件 BJT-NPN 中 2N2222A，偏置电路采用了基极电阻分压式发射极偏置电路。其中，电位器 Rb11 用于调节晶体三极管的基极偏置电流，负反馈电阻 Re 用于稳定单管放大电路的静态工作点，XMM1、XMM2、XMM3 是虚拟万用表。

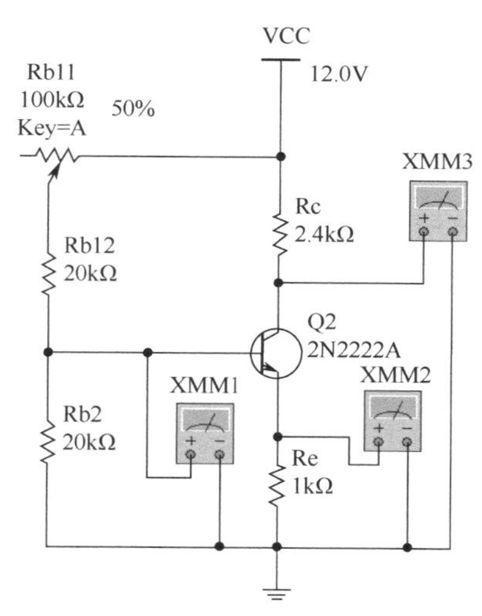

图 2.8 用 Multisim 设计的单管放大电路静态工作点设置电路

通过改变电位器 Rb11 的参数值来调节静态工作电压。单击“仿真”按钮，如图 2.9 所示，开始仿真。

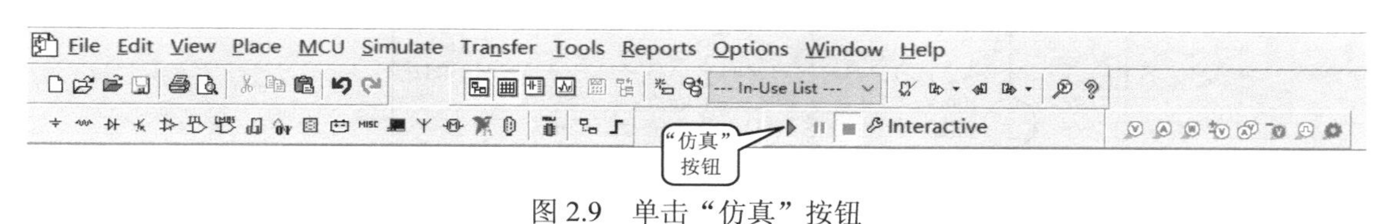

图 2.9 单击“仿真”按钮

用虚拟万用表 XMM1、XMM2、XMM3 测量晶体三极管 3 个引脚对地的压降，分别是 $V_{EQ} = 1.837V$、$V_{BQ} = 2.476V$、$V_{CQ} = 7.62V$，如图 2.10 所示。

图 2.10 用虚拟万用表测量晶体三极管 3 个引脚对地的压降

电源电压为 12V，集电极电压 V_{CQ} 有变化余量。经计算得：发射结的压降 $V_{BEQ} = 0.639V$，发射结正偏；集电结的压降 $V_{BCQ} = -5.144V$，集电结反偏；管压降 $V_{CEQ} = 5.783V$ 足够大。晶体三极管工作在放大区。

根据仿真实例和相关理论教材，用给定的 NPN 型晶体三极管设计一个晶体三极管单管放大电路静态工作点设置电路，画出电路原理图。

根据实验室条件，选用合适的器件并搭接电路。

改变偏置电路中的电阻值，调节基极偏置电流，使晶体三极管工作在放大区，即使集电极电压 V_{CQ} 有足够的变化余量，发射结正偏，集电结反偏，且管压降足够大。

设计实验数据记录表格，分别测试并记录晶体三极管 3 个引脚对地的压降 V_{EQ}、V_{BQ}、V_{CQ}；计算发射结的压降 V_{BEQ}、集电结的压降 V_{BCQ}、管压降 V_{CEQ}、基极静态工作电流 I_b、集电极静态工作电流 I_c 和发射极静态工作电流 I_e，并记录下来。

在电路原理图上标注出最终所选用的器件的参数值。

2.3.2 共发射极单管放大电路的设计与测试

在如图 2.8 所示的电路的基础上完善交流放大通路。选择合适的输入耦合电容、输出耦合电容、发射极旁路电容、负载电阻，将其接到电路中。在基极输入端加入交流输入信号，将虚拟示波器 XSC1 的 A、B 通道分别连接到共发射极单管放大电路的输入端和输出端，如图 2.11 所示。

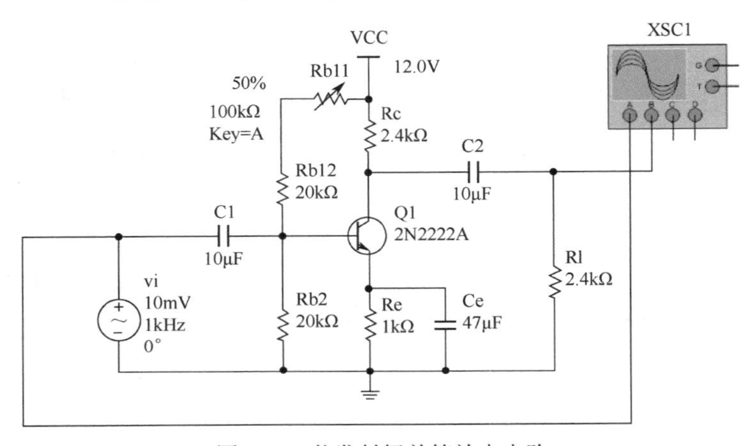

图 2.11 共发射极单管放大电路

将输入信号设置为幅值为 10mV（有效值）、频率为 1kHz 的交流信号，如图 2.12 所示。

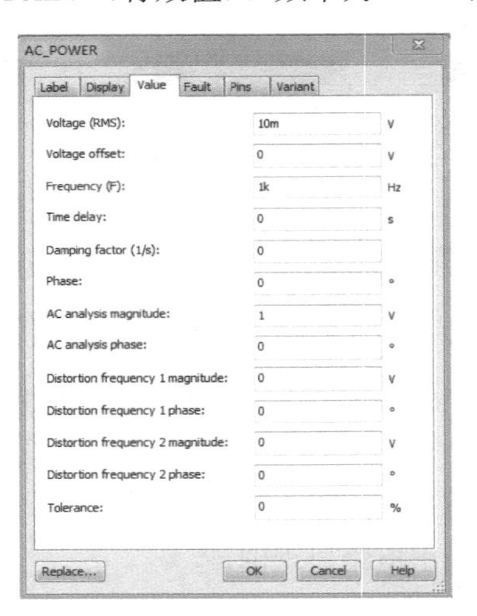

图 2.12 输入信号参数设置

当负载电阻的阻值为 2.4kΩ 时，单击“仿真”按钮，输入信号、输出信号波形及参数如图 2.13 所示。

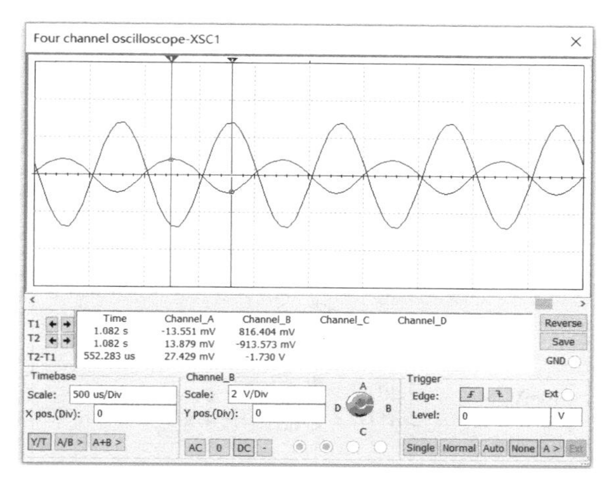

图 2.13　当负载电阻的阻值为 2.4kΩ 时的输入信号、输出信号波形及参数

将负载电阻的阻值改为 100kΩ，如图 2.14 所示。

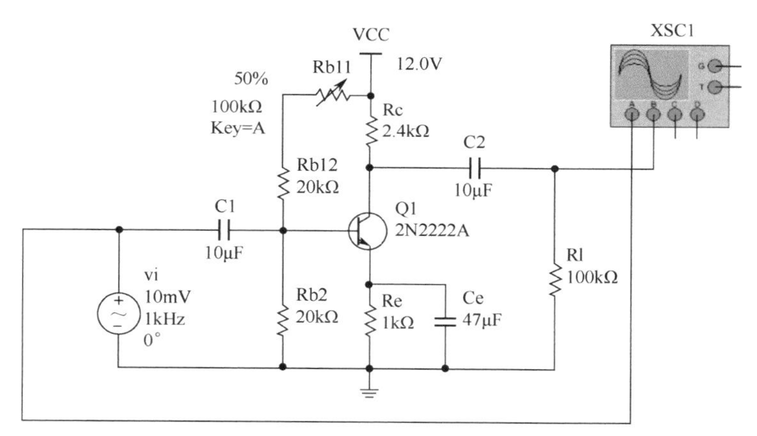

图 2.14　改变负载电阻的阻值后的共发射极单管放大电路

单击“仿真”按钮，输入信号、输出信号波形及参数如图 2.15 所示。

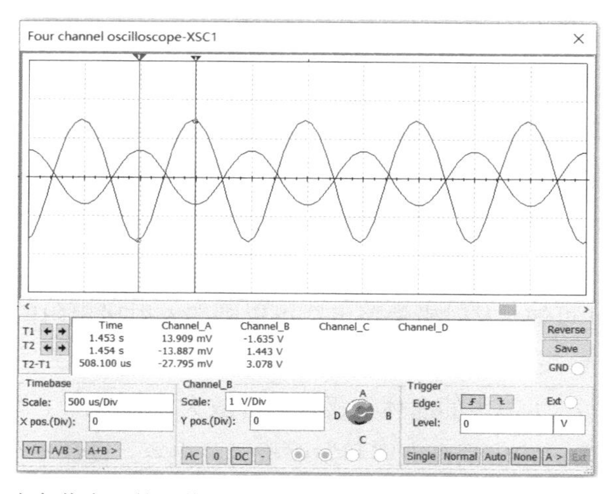

图 2.15　当负载电阻的阻值为 100kΩ 时的输入信号、输出信号波形及参数

将负载电阻去掉，即使负载电阻的阻值为∞，如图 2.16 所示。

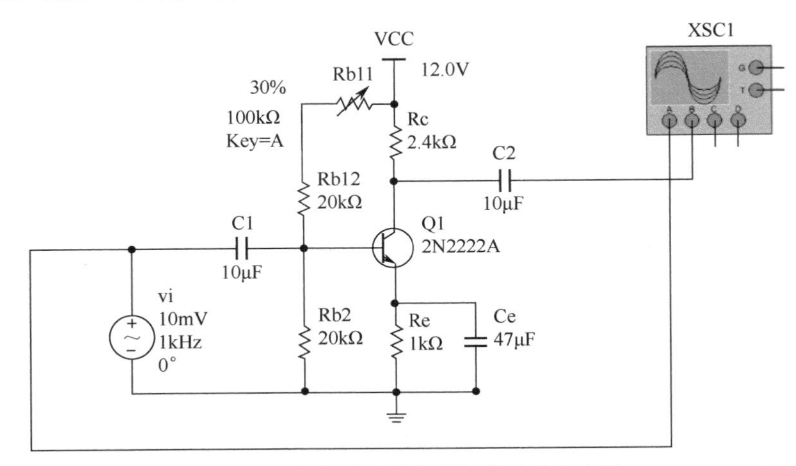

图 2.16　空载时的共发射极单管放大电路

单击“仿真”按钮，输入信号、输出信号波形及参数如图 2.17 所示。

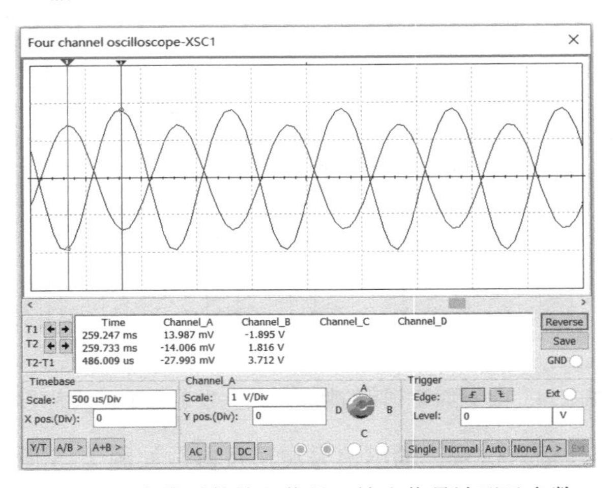

图 2.17　空载时的输入信号、输出信号波形及参数

由图 2.13、图 2.15、图 2.17 可知，在输入信号的幅值和频率不变的条件下，改变负载电阻的阻值将影响输出电压的幅值。负载电阻的阻值越小，输出电压越低，空载时输出电压最高。

将图 2.11 中的发射极旁路电容去掉，即可构成无发射极旁路电容的共发射极单管放大电路，如图 2.18 所示。

单击“仿真”按钮，输入信号、输出信号波形及参数如图 2.19 所示。

由图 2.13 和图 2.19 可知，发射极旁路电容可以削弱发射极电阻的交流负反馈作用，提高交流放大倍数，而不影响共发射极单管放大电路的热稳定性。

根据仿真实例，在 2.3.1 节中的晶体三极管单管放大电路静态工作点设置电路的基础上，选用合适的输入耦合电容、输出耦合电容和发射极旁路电容，设计一个 NPN 型晶体三极管共发射极单管放大电路，画出电路原理图。根据实验室条件，选用合适的器件并搭接实验电路，并在电路原理图上标注出最终所选用的器件的参数值。

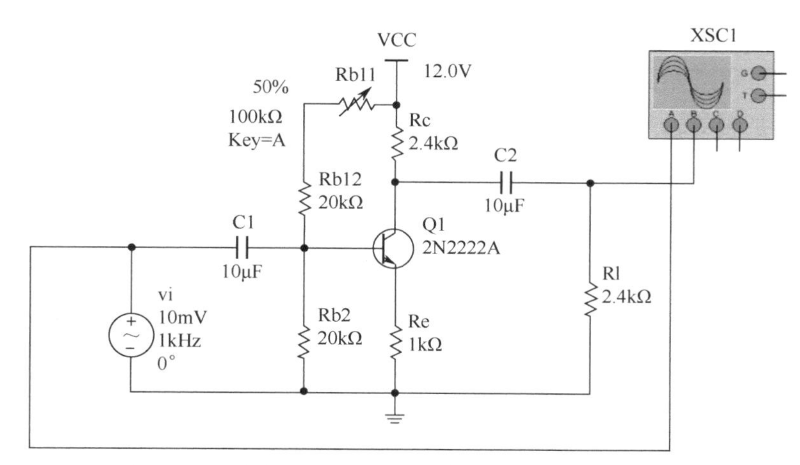

图 2.18　无发射极旁路电容的共发射极单管放大电路

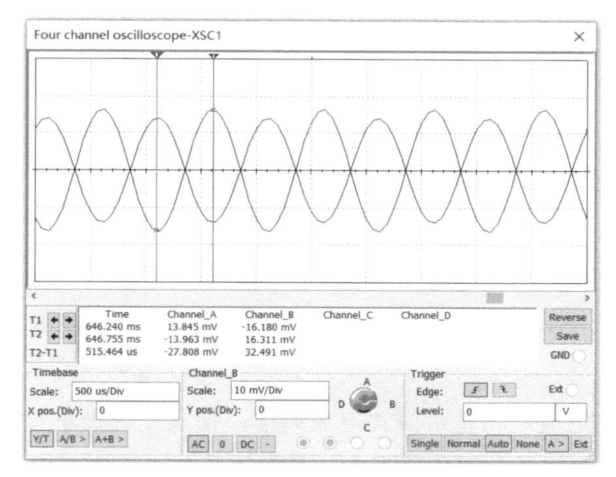

图 2.19　无发射极旁路电容时的输入信号、输出信号波形及参数

用函数发生器为共发射极单管放大电路加入正弦波交流输入信号，同时用示波器观测输入信号的变化。用示波器的其他通道在共发射极单管放大电路的输出端观测是否有与输入信号同频率的交流放大信号输出。若在共发射极单管放大电路的输出端观测不到与输入信号同频率的输出信号，则应从函数发生器的输出端开始跟踪输入信号，即用观测输出信号的探头从输入端开始向输出端方向逐个节点、逐个器件地检查，观察是否存在与输入信号同频率的交流信号，若交流信号在某一位置处突然消失，则说明该位置很可能存在问题，应在解决问题后重新进行测试。

若在输出端可以观察到与输入信号同频率的输出信号，但输出信号的幅值偏小，基本与输入信号的相等，没有达到预期的放大效果，则很可能是发射极旁路电容没有接好。此时应在检查并改正发射极旁路电容的连接后重新进行测试。

若发现示波器测得的输入、输出信号幅值都偏小，且波形线条偏粗，则说明信号噪声较大，可以将输入信号的幅值适当调大，但必须同时观测输出信号的变化，保证输出信号不发生失真。

若在输出端可以观察到一个与输入信号同频率的输出信号，但输出信号波形发生了非线性失真，则可能是因为输入信号幅值过大或静态工作点设置不当。此时应先将输入信号幅值调小，若输入信号幅值调小后输出波形依旧失真，则需要重新设置静态工作点。

若在输出端可以观察到与输入信号同频率且放大后波形不失真的输出信号，则应设计实验数据记录表格，观察并画出输入、输出信号波形，记录输入、输出信号的电压有效值、频率等参数，计算交流电压放大倍数并记录下来。

在共发射极单管放大电路中，发射极旁路电容可以削弱发射极电阻对交流信号的负反馈作用，从而提高共发射极单管放大电路对交流信号的放大能力。将与发射极电阻并联的发射极旁路电容去掉，继续用示波器观测输入、输出信号的变化，若输入、输出信号噪声较大，则可以适当调大输入信号的幅值。设计实验数据记录表格，记录输入、输出信号的电压有效值和频率等参数，计算交流放大倍数并记录下来。

将发射极旁路电容重新并联到发射极电阻的两端，准备完成非线性失真实验。

改变偏置电位器的阻值，将基极偏置电流调大，使共发射极单管放大电路工作在靠近饱和区的位置，即将晶体三极管的管压降调小，最好调至小于 1V。

将输入信号的幅值调大，用示波器观测输入、输出信号的变化，直至输出信号波形发生饱和失真，关闭函数发生器的输出通道。设计实验数据记录表格，测试并记录晶体三极管 3 个引脚对地的压降 V_{EQ}、V_{BQ}、V_{CQ}，计算发射结的压降 V_{BEQ}、集电结的压降 V_{BCQ}、管压降 V_{CEQ} 等参数并记录下来。

改变偏置电位器的阻值，将基极偏置电流调小，使共发射极单管放大电路工作在靠近截止区的位置，即将晶体三极管的管压降调大，使管压降略小于电源电压。

将输入信号的幅值调大，用示波器观测输入、输出信号的变化，直至输出信号波形发生截止失真，关闭函数发生器的输出通道。设计实验数据记录表格，测试并记录晶体三极管 3 个引脚对地的压降 V_{EQ}、V_{BQ}、V_{CQ}，计算发射结的压降 V_{BEQ}、集电结的压降 V_{BCQ}、管压降 V_{CEQ} 等参数并记录下来。

在电路原理图上标注出最终所选用的器件的参数值。

根据实验数据，总结 NPN 型晶体三极管共发射极单管放大电路的特点。

2.3.3 共集电极单管放大电路的设计与测试

1. 测试静态工作点

静态工作点测试电路采用如图 2.8 所示的电路。晶体三极管采用虚拟器件 BJT-NPN 中的 2N2222A，XMM1、XMM2、XMM3 为虚拟万用表。

调节电位器 Rb11，设置静态工作点，单击“仿真”按钮，仿真结果如图 2.20 所示。晶体三极管 3 个引脚对地的压降分别是 $V_{EQ} = 1.848V$、$V_{BQ} = 2.487V$、$V_{CQ} = 7.592V$。经计算得：发射结的压降 $V_{BEQ} = 0.639V$，发射结正偏；集电结的压降 $V_{BCQ} = -5.105V$，集电结反偏；管压降 $V_{CEQ} = 5.744V$，足够大。共集电极单管放大电路在基极接输入信号，在发射极取输出信号，发射极电压 $V_{EQ} = 1.848V$，有足够的变化余量。晶体三极管工作在放大区。

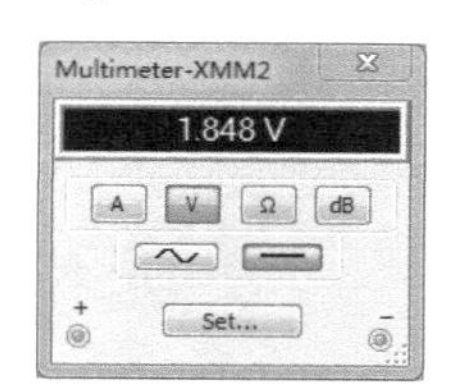

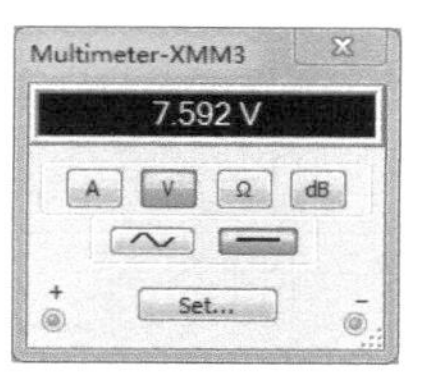

图 2.20　用虚拟万用表测得的晶体三极管 3 个引脚对地的压降

2. 测试交流放大特性

在如图 2.8 所示的电路的基础上完善交流放大通路。选择合适的输入耦合电容、输出耦合电容、发射极旁路电容和负载电阻，将其接到电路中，即可完成共集电极单管放大电路的设计，如图 2.21 所示。

将基极交流输入信号设置为频率为 1kHz、幅值为 10mV（有效值）的正弦波信号。将虚拟示波器 XSC1 的 A、B 两个通道分别连接到共集电极单管放大电路的输入端和输出端，如图 2.21 所示。

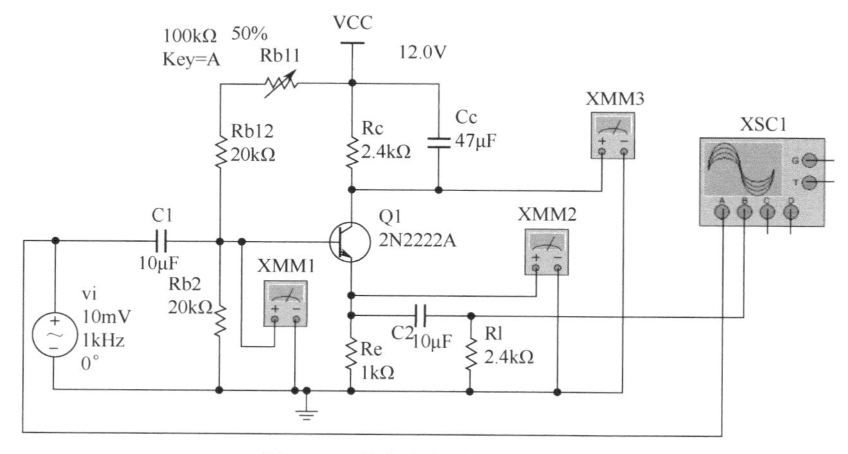

图 2.21　共集电极单管放大电路

单击“仿真”按钮，仿真结果如图 2.22 所示。

观察示波器 A、B 通道的波形数据可知：共集电极单管放大电路的电压增益小于 1V，输出电压和输入电压同相。利用共集电极单管放大电路输入阻抗高、能从信号源汲取小电流的特点，可以将其作为多级放大电路的输入级；利用共集电极单管放大电路输出阻抗低、带负载能力强的特点，可以将其作为多级放大电路的输出级；利用共集电极单管放大电路输入阻抗高、输出阻抗低的特点，可以将其作为多级放大电路的中间级，作为缓冲级在电路中起阻抗变换作用，以隔离前后级之间的影响。

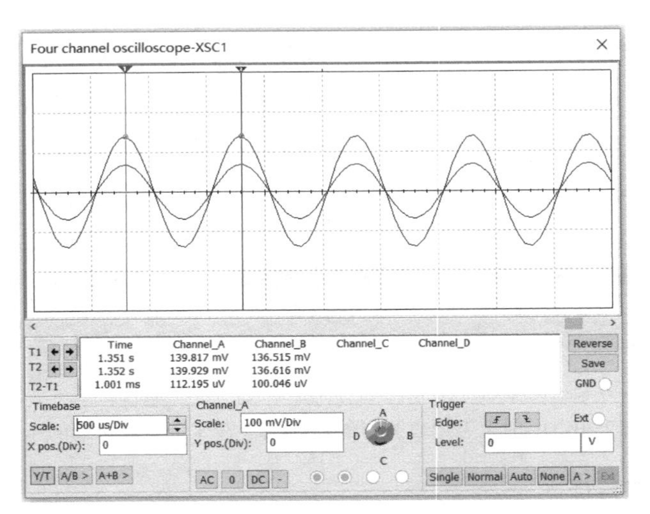

图 2.22 共集电极单管放大电路的仿真结果

在 2.3.1 节中的晶体三极管单管放大电路静态工作点设置电路的基础上，选用合适的输入耦合电容、输出耦合电容和负载电阻，设计一个 NPN 型晶体三极管共集电极单管放大电路，画出电路原理图。

根据实验室条件，选用合适的器件并搭接实验电路。

用波形发生器为共集电极单管放大电路提供正弦波交流输入信号，同时用示波器观测输入信号的变化。用示波器的其他通道在共集电极管放大电路的输出端观测是否有与输入信号同频率的输出信号。

若在共集电极单管放大电路的输出端观测不到与输入信号同频率的输出信号，则应从函数发生器的输出端开始跟踪输入信号，即用观测输出信号的探头从输入端开始向输出端方向逐个节点、逐个器件地检查，观察是否存在与输入信号同频率的交流信号，若交流信号在某一位置处突然消失，则说明该位置很可能存在问题，应在解决问题后重新进行测试。

若在输出端可以观测到与输入信号同频率的输出信号，则应设计实验数据记录表格，观察并画出输入、输出信号波形，测试输入、输出信号的电压有效值、频率等参数，计算交流电压放大倍数并记录下来。

在电路原理图上标注出最终所选用的器件的参数值。

根据实验数据，总结 NPN 型晶体三极管共集电极单管放大电路的特点。

2.3.4 共基极单管放大电路的设计与测试

1. 测试静态工作点

静态工作点测试电路依然采用如图 2.8 所示的电路。晶体三极管采用虚拟器件 BJT-NPN 中的 2N2222A，XMM1、XMM2、XMM3 为虚拟万用表。

调节电位器 Rb11，设置静态工作点，单击“仿真”按钮，仿真结果如图 2.23 所示。晶体三极管 3 个引脚对地的压降分别是 $V_{EQ}=1.848\text{V}$、$V_{BQ}=2.486\text{V}$、$V_{CQ}=7.592\text{V}$。电源电压为

12V，集电极电压 V_{CQ} = 7.592V，有变化余量。经计算得：发射结的压降 V_{BEQ} = 0.638V，发射结正偏；集电结的压降 V_{BCQ} = −5.106V，集电结反偏；管压降 V_{CEQ} = 5.744V，足够大。晶体三极管工作在放大区。

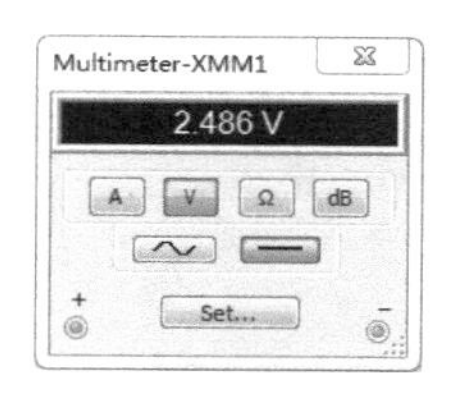

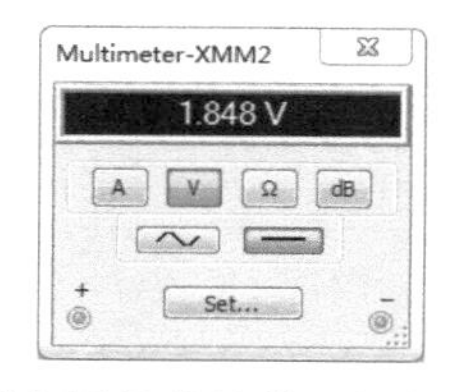

图 2.23　用虚拟万用表测得的晶体三极管 3 个引脚对地的压降

2. 测试交流放大特性

在如图 2.8 所示的电路的基础上完善交流放大通路。选择合适的输入耦合电容、输出耦合电容、发射极旁路电容和负载电阻，将其接到电路中，即可完成共基极单管放大电路的设计，如图 2.24 所示。

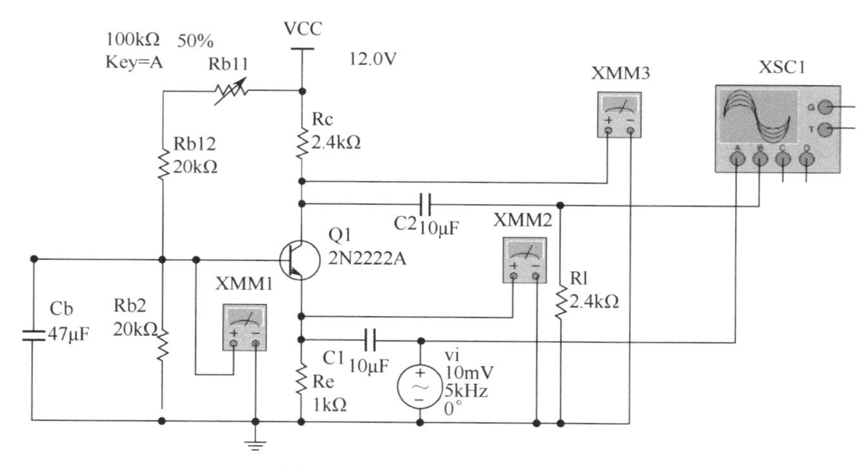

图 2.24　共基极单管放大电路

将发射极交流输入信号设置为频率为 5kHz、幅值为 10mV（有效值）的正弦波信号。将虚拟示波器 XSC1 的 A、B 通道分别连接到共基极单管放大电路的输入端和输出端，如图 2.24 所示。

单击“仿真”按钮，仿真结果如图 2.25 所示。

观察示波器 A、B 通道的波形数据可知：输出电压和输入电压同相。

在 2.3.1 节中的晶体三极管单管放大电路静态工作点设置电路的基础上，选用合适的输入耦合电容、输出耦合电容和负载电阻，设计一个 NPN 型晶体三极管共基极单管放大电路，画出电路原理图。

根据实验室条件，选用合适的器件并搭接实验电路。

用波形发生器为共基极单管放大电路提供正弦波交流输入信号，同时用示波器观测输入信号的变化。用示波器的其他通道在共基极单管放大电路的输出端观测是否有与输入信号同频率的输出信号。

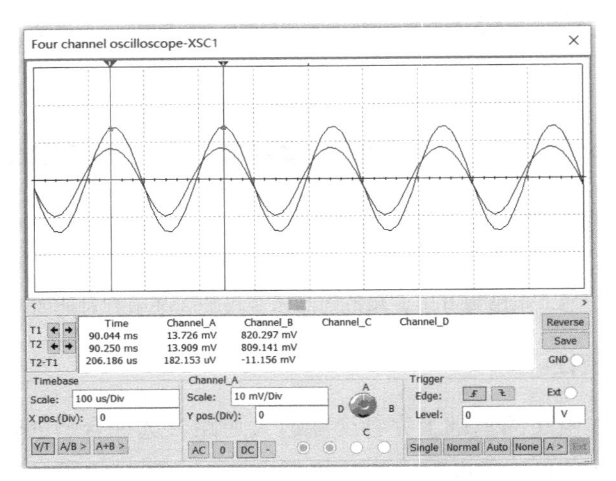

图 2.25　共基极单管放大电路仿真结果

若在共基极单管放大电路的输出端观测不到与输入信号同频率的输出信号，则应从波形发生器的输出端开始跟踪输入信号，即用观测输出信号的探头从输入端开始向输出端方向逐个节点、逐个器件地检查，观测是否存在与输入信号同频率的交流信号，若交流信号在某一位置处突然消失，则说明该位置很可能存在问题，应在解决问题后重新进行测试。

若在输出端可以观察到与输入信号同频率的输出信号，则应设计实验数据记录表格，观察并画出输入、输出信号波形，测试输入、输出信号的电压有效值、频率等参数，计算交流电压放大倍数并记录下来。

在电路原理图上标注出最终所选用的器件的参数值。

根据实验数据，总结 NPN 型晶体三极管共基极单管放大电路的特点。

2.3.5　单管放大电路输入阻抗的测量

当单管放大电路的输入阻抗在仪器的测量范围内时，其直流输入阻抗可以用万用表等仪器直接进行测量，而其交流输入阻抗则需要借助辅助电路进行测量。

为了测量单管放大电路的输入阻抗，需要在信号源与被测单管放大电路之间串联一个阻值 R 已知的电阻，如图 2.26 所示。

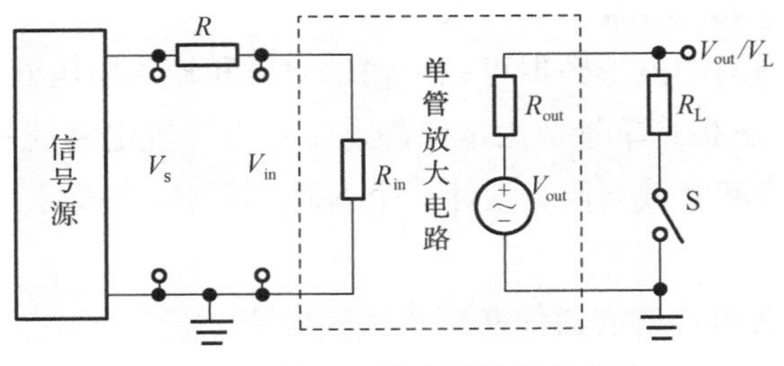

图 2.26　输入、输出阻抗测量电路

在单管放大电路正常工作时，测出信号源的输出电压 V_s 和经过电阻衰减后的单管放大电路的输入电压 V_{in}，通过计算可得交流输入阻抗 R_{in} 为

$$R_{in}=\frac{V_{in}}{I_{in}}=\frac{V_{in}}{\frac{V_R}{R}}=\frac{V_{in}}{V_s-V_{in}}R$$

在测试阻值为 R 的电阻两端的交流压降时，不可以直接从电阻两端取信号，而必须先测量电阻的两端对地的压降，然后通过计算求出电阻两端的交流压降。

相对于输入阻抗 R_{in}，R 的取值不可以太大，也不可以太小，以免导致较大的测量误差。通常情况下，R 的数量级应与输入阻抗 R_{in} 的一致。

当单管放大电路的输入阻抗 R_{in} 较大时，直接测量信号源的输出电压 V_s 和单管放大电路的输入电压 V_{in} 会因测量仪器内阻的影响而产生较大的测量误差。为了减小测量误差，常利用被测单管放大电路的隔离作用，通过测量输出电压来计算输入阻抗 R_{in}，其测量电路如图 2.27 所示。

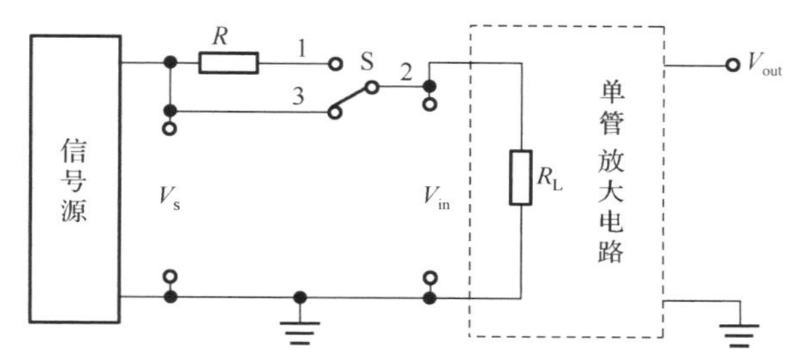

图 2.27　输入阻抗较大时的输入、输出阻抗测量电路

在单管放大电路的输入端串联一个阻值为 R 的辅助测试电阻、一个单刀双置开关 S。在开始时，将开关 S 置向位置 3，即使 $R=0$，在该状态下测出单管放大电路的输出电压 V_{out1}，则有

$$V_{out1}=A_vV_s$$

保持信号源的输出电压 V_s 不变，将开关 S 置向位置 1，即接入辅助测试电阻，在该状态下测出单管放大电路的输出电压 V_{out2}，则有

$$V_{out2}=A_vV_{in}=A_v\frac{V_s}{R+R_{in}}R_{in}=A_v\frac{R_{in}}{R+R_{in}}V_s$$

由以上两式可以推出

$$R_{in}=\frac{V_{out2}}{V_{out1}-V_{out2}}R$$

在选用辅助测试电阻时，一定要注意其阻值与输入阻抗 R_{in} 相比，不可以太大，也不可以太小，否则会导致较大的测量误差。

通常情况下，R 的数量级应与输入阻抗 R_{in} 的一致。

2.3.6　单管放大电路输出阻抗的测量

在如图 2.26 所示的电路中，当单管放大电路正常工作时，将开关 S 接通，测出单管放大

电路接负载电阻时的输出电压 V_L；然后将开关 S 断开，测出单管放大电路不接负载电阻时的输出电压 V_{out}。若输出阻抗用 R_{out} 表示，则有

$$\frac{V_L}{R_L}=\frac{V_{out}}{R_{out}+R_L}$$

经计算可得

$$R_{out}=\left(\frac{V_{out}}{V_L}-1\right)R_L$$

注意：必须保证在接入负载电阻前、后，加在单管放大电路输入端的交流输入电压的大小保持不变，以保证空载时的输出电压 V_{out} 和带载后的输出电压 V_L 是在相同输入条件下测得的。

2.4 思 考 题

1. 在用单管放大电路做交流放大实验前，为什么要测试单管放大电路的静态工作点？在实验室条件下，可以用哪些仪器测试单管放大电路的静态工作点？
2. 在实验室条件下，可以用哪些仪器测试单管放大电路的交流放大特性？
3. 在 NPN 型晶体三极管单管放大电路静态工作点的设置过程中，如果发现晶体三极管的静态工作点偏高，那么应该调节哪些参数？如何调节？如果发现晶体三极管的静态工作点偏低，那么应该调节哪些参数？如何调节？
4. 在晶体三极管单管放大电路交流放大特性的调节过程中，如果发现输出信号波形出现了截止失真，那么应该调节哪些参数？如何调节？如果发现输出信号波形出现了饱和失真，那么应该调节哪些参数？如何调节？
5. 在用单管放大电路做交流放大实验时，如果增大外接负载电阻的阻值，那么对单管放大电路的静态工作电压有哪些影响？对单管放大电路的交流放大特性有哪些影响？如果减小外接负载电阻的阻值，那么对单管放大电路的静态工作电压有哪些影响？对单管放大电路的交流放大特性有哪些影响？
6. 在实验室条件下，应该如何测量晶体三极管单管放大电路的输入阻抗？
7. 在实验室条件下，应该如何测量晶体三极管单管放大电路的输出阻抗？

第 3 章　射极耦合差分放大电路

差分放大电路是模拟集成电路的重要组成单元，其最主要的特征是电路参数对称。用三端器件设计的差分放大电路有两个输入端和两个输出端。

按输入、输出方式的不同，差分放大电路有双端输入双端输出、双端输入单端输出、单端输入双端输出和单端输入单端输出 4 种形式。

3.1　射极耦合差分放大电路设计基础

用三端器件设计的差分放大电路如图 3.1 所示。

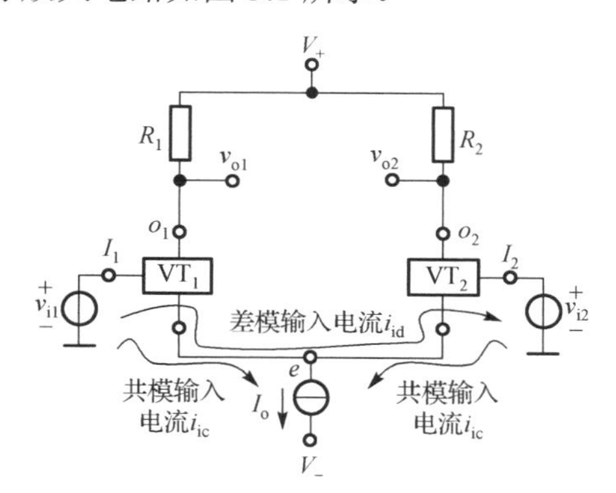

图 3.1　用三端器件设计的差分放大电路

在如图 3.1 所示的电路中，两个输入端的电势差 v_{id} 定义为差模输入电压，即

$$v_{id} = v_{i1} - v_{i2} \tag{3.1}$$

差模输入电压可以在两个输入端之间产生差模输入电流 i_{id}，差模输入电流从晶体三极管 VT_1 的输入端流向晶体三极管 VT_2 的输入端，如图 3.1 所示。

共模输入电压是指两个输入电压中存在的相对于参考地的大小相等、极性相同的电压。共模输入电压等于两个输入电压的算术平均值，即

$$v_{ic} = \frac{v_{i1} + v_{i2}}{2} \tag{3.2}$$

由于差分放大电路中的参数存在对称性，两个共模输入电压会在两个晶体三极管上分别产生大小相等的共模输入电流 i_{ic}，共模输入电流从两个晶体三极管的输入端流入，经放大后一起流向公共点 e，然后在 e 点汇合成电流 I_o 并流向电源负极。

若两个晶体三极管的输入电压不同，则由式（3.1）和式（3.2）可以知道，两个输入电压

可以用差模输入电压和共模输入电压来表示，即

$$v_{i1} = v_{ic} + \frac{v_{id}}{2} \tag{3.3}$$

$$v_{i2} = v_{ic} - \frac{v_{id}}{2} \tag{3.4}$$

由式（3.3）和式（3.4）可以看出：两个输入端的共模输入电压大小相等、极性相同；两个输入端的差模输入电压大小相等、极性相反。

在实际应用中，需要放大的有用信号大多是差模信号，而温度漂移、电路热噪声等无用信号是共模信号。为了抑制温度等外界因素变化对差分放大电路性能的影响，要求差分放大电路只放大差模信号，而抑制共模信号，并且电路对共模信号的抑制能力越强越好。

根据叠加原理，电路总的输出电压是差模输出电压与共模输出电压之和，即

$$v_o = v_{od} + v_{oc} = A_{vd}v_{id} + A_{vc}v_{ic} \tag{3.5}$$

式中，A_{vd}是差模电压放大倍数，A_{vc}是共模电压放大倍数，即

$$A_{vd} = \frac{v_{od}}{v_{id}} \tag{3.6}$$

$$A_{vc} = \frac{v_{oc}}{v_{ic}} \tag{3.7}$$

3.1.1 射极耦合差分放大电路

用两个 NPN 型晶体三极管设计的射极耦合差分放大电路如图 3.2 所示，电路中的两个 NPN 型晶体三极管 VT_1 和 VT_2 的发射极直接连在一起，接有一个共同的负反馈电阻（阻值为 R_e），采用这种连接方式的差分放大电路称为射极耦合差分放大电路。

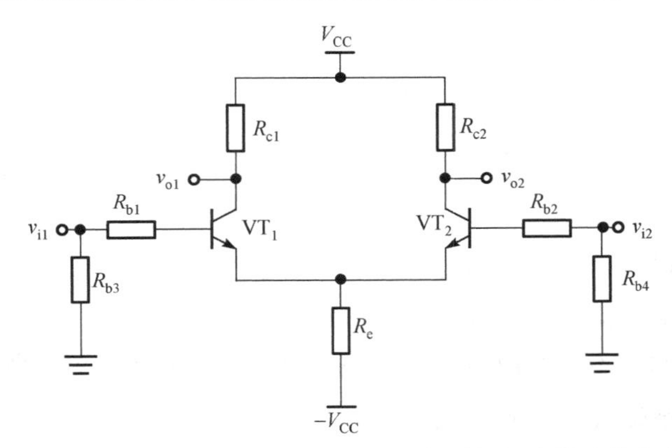

图 3.2 用两个 NPN 型晶体三极管设计的射极耦合差分放大电路

由于射极耦合差分放大电路采用了参数对称的器件连接，因此在理想条件下，两个晶体三极管的静态工作电压相等。当两个交流输入电压都等于零，即 $v_{i1} = v_{i2} = 0$ 时，输出端电压的变化量也等于零，即 $v_{o1} = v_{o2} = 0$。

在如图 3.2 所示的电路中，在两个输入端加入一对大小相等、极性相同的共模输入电压，即 $v_{i1} = v_{i2} = v_{ic}$，由于电路参数存在对称性，两个晶体三极管的静态工作电压相同，因此共模

输入电压在两个晶体三极管上所产生的电流大小相等，经发射结后和放大后的电流一起流向负反馈电阻。因此，共模输入电压作用在两个晶体三极管上所产生的输出电压大小相等、极性相同，即两个晶体三极管的共模交流输出电压大小相等、极性相同。

共模单端输出电压为

$$v_{o1} = v_{o2} = v_{oc}$$

共模双端输出电压为

$$v_o = v_{o1} - v_{o2} = 0$$

在如图 3.2 所示的电路中，在两个输入端加入一对大小相等、极性相反的差模输入电压，即 $v_{i1} = -v_{i2} = v_{id}/2$，由于电路参数存在对称性，两个晶体三极管的静态工作电压相同，因此差模输入电压在两个晶体三极管上所产生的电流从一个晶体三极管的输入端流向另一个晶体三极管的输入端，所产生的电流大小相等、方向相反，即两个晶体三极管的差模输出电压大小相等、极性相反。

差模单端输出电压为

$$v_{o1} = \frac{v_{od}}{2}，\quad v_{o2} = -\frac{v_{od}}{2}$$

差模双端输出电压为

$$v_o = v_{o1} - v_{o2} = \frac{v_{od}}{2} - \left(-\frac{v_{od}}{2}\right) = v_{od}$$

通常情况下，输入电压是共模输入电压和差模输入电压的叠加，即

$$v_{i1} = v_{ic} + \frac{v_{id}}{2}，\quad v_{i2} = v_{ic} - \frac{v_{id}}{2}$$

所以单端输出电压也是共模输出电压与差模输出电压的叠加，即

$$v_{o1} = v_{oc} + \frac{v_{od}}{2}，\quad v_{o2} = v_{oc} - \frac{v_{od}}{2}$$

从理论上来讲，射极耦合差分放大电路的双端输出电压只包含差模输出电压，即

$$v_o = v_{o1} - v_{o2} = v_{oc} + \frac{v_{od}}{2} - \left(v_{oc} - \frac{v_{od}}{2}\right) = v_{od}$$

由以上分析可知：在电路参数完全对称的理想条件下，射极耦合差分放大电路的双端输出电压只包含差模输出电压，不包含共模输出电压。

共模输入电压作用在两个晶体三极管上所产生的电流流经接在公共发射极的负反馈电阻，负反馈电阻的交流阻抗对共模输入电压有抑制作用。差模输入电压作用在两个晶体三极管上所产生的电流从一个晶体三极管的输入端流向另一个晶体三极管的输入端，不流经接在公共发射极的负反馈电阻，负反馈电阻的交流阻抗对差模输入电压不产生影响。

总之，射极耦合差分放大电路在差模输入信号和共模输入信号的共同作用下，对差模输入信号有放大作用，对共模输入信号有抑制作用。

在实际应用中，温度变化、电源电压波动等外界因素的影响会同时作用在两个晶体三极管上，使两个晶体三极管产生相同的变化，其效果相当于在两个晶体三极管的输入端加入了

共模输入信号。因此，在进行电路设计时，采用射极耦合差分放大电路可以减小温度变化、电源电压波动等因素对电路性能所产生的影响。

3.1.2 射极耦合差分放大电路的电压传输特性

通常情况下，我们讨论的电路放大作用是指在线性区、小信号输入条件下的电路放大作用。当有大信号输入时，输出信号和输入信号的关系将不再是线性关系。因此，在大信号输入条件下，不可以用线性分析的方法来分析电路。

将描述输出信号随输入信号变化的曲线定义为传输特性曲线。

射极耦合差分放大电路的电压传输特性曲线是指两个单端输出的差模电压随差模输入电压变化的曲线，如图 3.1.3 所示。

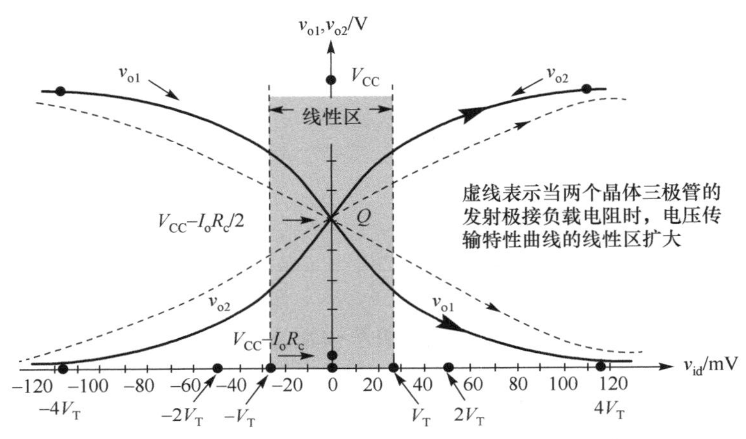

图 3.3 射极耦合差分放大电路的电压传输特性曲线

由如图 3.3 所示的射极耦合差分放大电路的电压传输特性曲线可以看出，射极耦合差分放大电路的线性区很窄，在$\pm V_T$之间，即电压传输特性曲线的中间灰色区域。其中，V_T是温度电压当量，与温度成正比。在室温 27℃条件下，$V_T=26\text{mV}$。

当差模输入电压 v_{id} 在$\pm V_T$之间时，射极耦合差分放大电路工作在线性区，电路对差模输入电压进行线性放大。当差模输入电压$|v_{id}|$在 $V_T\sim 4V_T$ 时，射极耦合差分放大电路工作在非线性区，输出电压与输入电压之间不再是线性关系，在该区域内的输入电压将被非线性放大。

当差模输入电压$|v_{id}|>4V_T$时，射极耦合差分放大电路工作在饱和区或截止区，两个晶体三极管的输出电压为趋于平坦的饱和输出电压或截止输出电压。此时，两个晶体三极管分时段进入饱和导通状态和截止状态：当 $v_{id}<-4V_T$ 时，VT_2 截止，VT_1 饱和导通；当 $v_{id}>4V_T$ 时，VT_1 截止，VT_2 饱和导通，两个晶体三极管都工作在开关状态。

由以上分析可知，射极耦合差分放大电路的线性区较窄。当需要扩大线性区范围时，可以在两个晶体三极管的发射极之间接一个对称性调节电位器，如图 3.4 和图 3.5 所示。对称性调节电位器的负反馈作用可以使射极耦合差分放大电路的电压传输特性曲线的斜率变小，线性区变宽，如图 3.3 所示。

3.1.3　电阻负反馈射极耦合差分放大电路

根据负反馈电路的形式不同，射极耦合差分放大电路可分为电阻负反馈射极耦合差分放大电路和恒流源负反馈射极耦合差分放大电路。

在设计实验电路时，很难挑选出参数完全一致的两个晶体三极管，因此在实验时，通常会在两个晶体三极管的发射极之间加一个阻值（R_{we}）较小的对称性调节电位器，如图 3.4 所示。

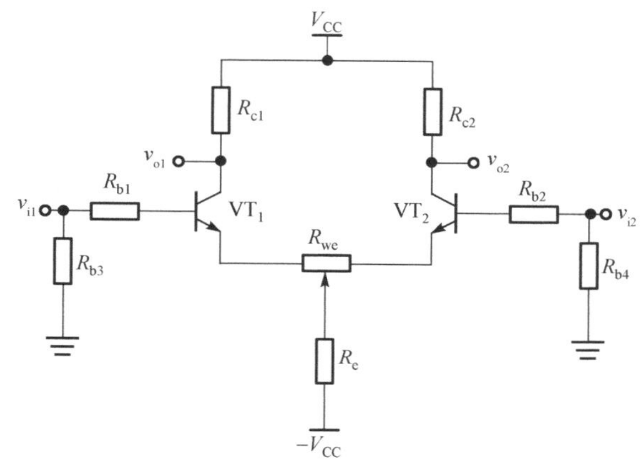

图 3.4　电阻负反馈射极耦合差分放大电路

改变对称性调节电位器中间可调端的位置，可以补偿两个晶体三极管的非对称性，使两个晶体三极管的集电极静态工作电压相等，即当 $v_{i1} = v_{i2} = 0$ 时，使 $v_{o1} = v_{o2}$。

对称性调节电位器的标称电阻值应该小一些，因为虽然所选用的对称性调节电位器的电阻值偏大也可以将两个晶体三极管的集电极静态工作电压调节成相等的，但晶体三极管的发射极电阻不只是负反馈电阻，对称性调节电位器的阻值 R_{we} 也不能忽略，其会导致两个晶体三极管发射极电流的对称性变差，从而影响两个晶体三极管的动态放大性能。

在如图 3.4 所示的电路中，直流稳压电源 V_{CC} 通过两个集电极电阻（阻值分别为 R_{c1}、R_{c2}）加到两个晶体三极管的集电极，给两个晶体三极管提供合适的静态工作电压和放大交流信号所需要的能量。直流稳压电源$-V_{CC}$ 用来补偿发射极负反馈电阻两端的直流压降，保证两个晶体三极管的发射结正偏，同时还可以扩大差模输出信号的动态范围。

接在基极的两个电阻（阻值分别为 R_{b1}、R_{b2}）能起到衰减输入信号的作用，以保证输出信号能在合理范围内波动。接地电阻（阻值分别为 R_{b3}、R_{b4}）和基极电阻（阻值分别为 R_{b1}、R_{b2}）共同对两个晶体三极管的基极起直流偏置作用，在两个晶体三极管的基极产生稳定的直流偏置电流。

3.1.4　恒流源负反馈射极耦合差分放大电路

在如图 3.4 所示的电路中，负反馈电阻的阻值 R_e 会影响电路静态工作点的设置及电路对共模信号的抑制能力。若所选用的负反馈电阻的阻值 R_e 偏小，则负反馈电阻对共模信号的抑制能力会明显降低；若所选用的负反馈电阻的阻值 R_e 偏大，则会导致发射极静态工作点升高，影响输出信号的动态范围；若负反馈电阻的阻值 R_e 过大，则可能会导致晶体三极管不能工作在线性区。

为提高电阻负反馈射极耦合差分放大电路对共模信号的抑制能力，可以将图 3.4 中的电阻负反馈形式改成恒流源负反馈形式，构成恒流源负反馈射极耦合差分放大电路，如图 3.5 所示。

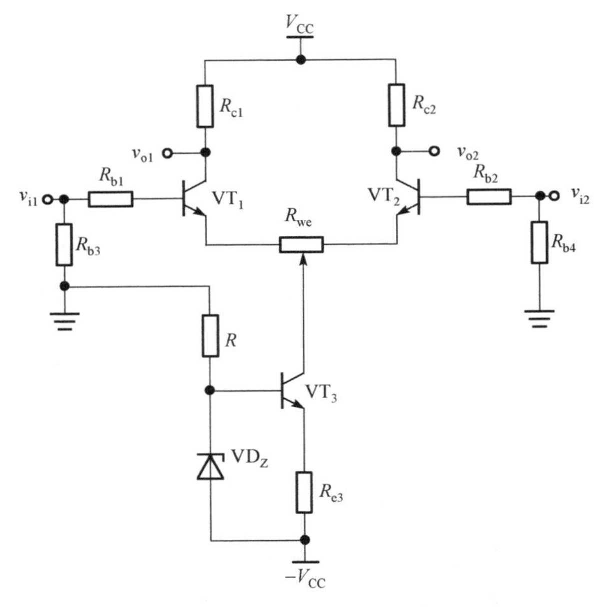

图 3.5 恒流源负反馈射极耦合差分放大电路

恒流源负反馈射极耦合差分放大电路的动态电阻相对较大，对共模信号的抑制能力相对较强，因此，恒流源负反馈射极耦合差分放大电路能更好地抑制电源噪声、温漂、零漂等共模干扰。

3.1.5 共模抑制比

共模抑制比主要用来衡量射极耦合差分放大电路对共模信号的抑制能力。其定义为射极耦合差分放大电路对差模信号的电压放大倍数 A_{vd} 与其对共模信号的电压放大倍数 A_{vc} 之比的绝对值，即

$$K_{CMR}=\left|\frac{A_{vd}}{A_{vc}}\right|$$

用分贝表示的共模抑制比为

$$K_{CMR}=20\lg\left|\frac{A_{vd}}{A_{vc}}\right|$$

若射极耦合差分放大电路中的参数完全对称，则其双端输出的共模电压放大倍数 A_{vc}=0，因此，在理想条件下，射极耦合差分放大电路双端输出的共模抑制比为无穷大。但在实际电

路中，由于电路参数不可能完全对称，因此其双端输出的共模抑制比 K_{CMR} 不可能为无穷大。

射极耦合差分放大电路双端输出的共模抑制比较高，在实验中无须详细分析。本章重点测试、分析两种不同负反馈方式下的射极耦合差分放大电路单端输出的共模抑制比。

射极耦合差分放大电路单端输出的共模抑制比定义为两个晶体三极管中的某一个晶体三极管对差模信号的电压放大倍数与其对共模信号的电压放大倍数之比的绝对值，即

$$K_{CMR1}=\left|\frac{A_{vd1}}{A_{vc1}}\right|$$

与共发射极单管放大电路相比，射极耦合差分放大电路具有较好的低频响应特性，可以采用直接耦合方式输入，提高了放大电路对低频输入信号的拾取能力。

3.2　实验电路的设计与测试

射极耦合差分放大电路按共模负反馈形式的不同，可分为电阻负反馈射极耦合差分放大电路和恒流源负反馈射极耦合差分放大电路。射极耦合差分放大电路的输入信号由两部分构成：差模输入信号和共模输入信号。射极耦合差分放大电路放大差模输入信号，抑制共模输入信号。

利用射极耦合差分放大电路的参数对称性和负反馈作用，可以有效地稳定静态工作点、放大差模输入信号、抑制共模输入信号。电阻负反馈射极耦合差分放大电路和恒流源负反馈射极耦合差分放大电路对共模信号的抑制能力不同，恒流源负反馈射极耦合差分放大电路对共模信号的抑制能力更强。要比较电阻负反馈射极耦合差分放大电路和恒流源负反馈射极耦合差分放大电路对差模信号的放大能力和对共模信号的抑制能力有哪些不同，首先必须保证在这两种不同的负反馈方式下的射极耦合差分放大电路具有相同的静态工作电压。

3.2.1　电阻负反馈射极耦合差分放大电路的设计与测试

3.2.1.1　仿真设计

使用 Multisim 设计电阻负反馈射极耦合差分放大电路，测试并计算静态工作电压、单端差模电压放大倍数、单端共模电压放大倍数和共模抑制比等。

1. 电阻负反馈射极耦合差分放大电路的设计与静态分析

用 Multisim 设计的电阻负反馈射极耦合差分放大电路如图 3.6 所示。电位器 Rwe1 用来调节两个晶体三极管静态工作点的对称性，即使两个晶体三极管的集电极静态工作电压相等。电位器 Rwe2 用来调节两个晶体三极管的静态工作点，调节电位器 Rwe2 可使两个晶体三极管工作在线性区。虚拟万用表 XMM1～XMM6 分别用于监测两个晶体三极管的 3 个引脚对地的压降。

分别测量并记录两个晶体三极管的 3 个引脚对地的压降 V_{EQ}、V_{BQ}、V_{CQ}，计算发射结的压降 V_{BEQ}、集电结的压降 V_{BCQ}、管压降 V_{CEQ} 并记录下来。分析晶体三极管是否工作在线性

区，若晶体三极管不工作在线性区，则需要重新调节器件参数、设置静态工作点，直至两个晶体三极管都工作在线性区且几乎完全对称，方可继续实验。

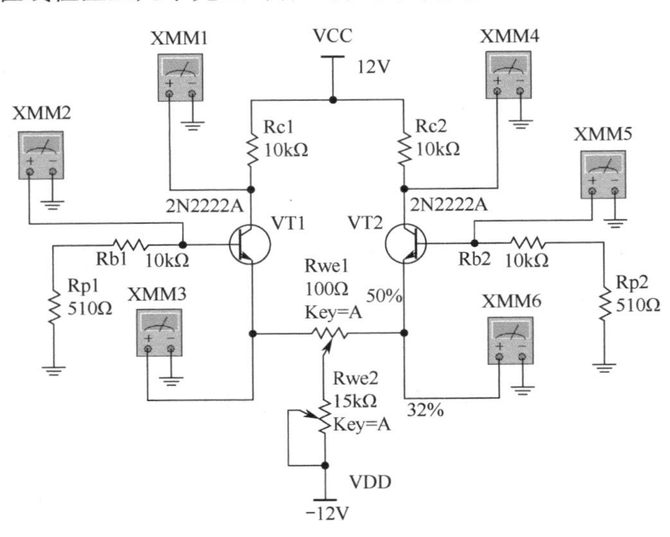

图 3.6 用 Multisim 设计的电阻负反馈射极耦合差分放大电路

2. 电阻负反馈射极耦合差分放大电路对差模输入信号放大能力的测试

保持静态电路不变，在如图 3.6 所示的电路的基础上，在两个晶体三极管的输入端分别加入大小相等、极性相反的差模输入信号，如图 3.7 所示，测试电阻负反馈射极耦合差分放大电路对差模输入信号的放大能力。

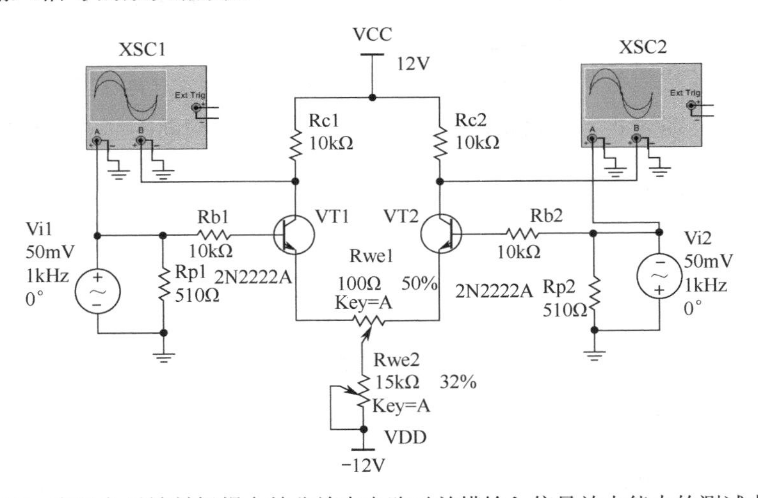

图 3.7 电阻负反馈射极耦合差分放大电路对差模输入信号放大能力的测试电路

用示波器 XSC1 的 A、B 通道观测到的 VT1 的输入、输出信号波形如图 3.8 所示。

用示波器 XSC2 的 A、B 通道观测到的 VT2 的输入、输出信号波形如图 3.9 所示。

分析如图 3.8 和图 3.9 所示的波形可知：在只考虑单端输入、单端输出的情况下，电阻负反馈射极耦合差分放大电路对差模输入信号有放大作用，输出信号与输入信号的极性相反。

考虑两个差模输入信号大小相等、极性相反，在理想条件下，两个晶体三极管的单端输出信号大小相等、极性相反，双端输出信号的幅值变为原来的 2 倍。

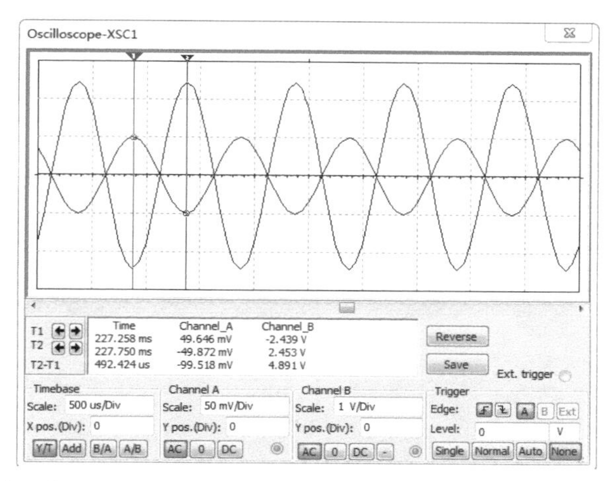

图 3.8　用示波器 XSC1 的 A、B 通道观测到的 VT1 的输入、输出信号波形

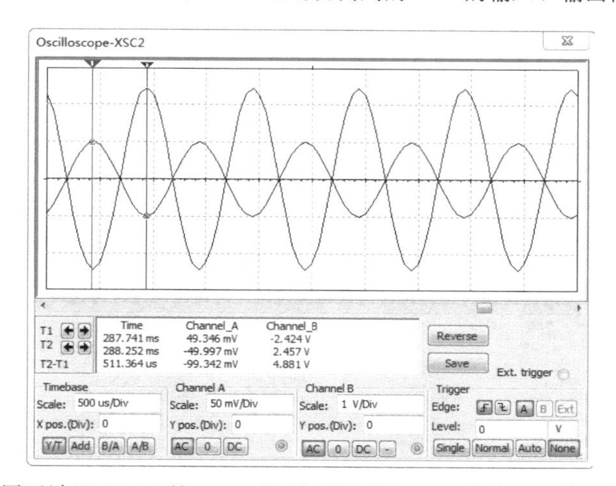

图 3.9　用示波器 XSC2 的 A、B 通道观测到的 VT2 的输入、输出信号波形

3. 电阻负反馈射极耦合差分放大电路对共模输入信号放大能力的测试

保持静态电路不变，在如图 3.6 所示的电路的基础上，在两个晶体三极管的输入端加入一对完全相同的共模输入信号，如图 3.10 所示，测试电阻负反馈射极耦合差分放大电路对共模输入信号的放大能力。

用示波器 XSC1 的 A、B 通道观测到的 VT1 的输入、输出信号波形如图 3.11 所示。

用示波器 XSC2 的 A、B 通道观测到的 VT2 的输入、输出信号波形如图 3.12 所示。

分析如图 3.11 和图 3.12 所示的波形可知：在只考虑单端输入、单端输出的情况下，电阻负反馈射极耦合差分放大电路对共模输入信号有抑制作用，输出信号与输入信号极性相反。考虑两个共模输入信号大小相等、极性相同，在理想情况下，两个晶体三极管的单端输出信号也大小相等、极性相同，因此双端输出信号为零，共模抑制比为无穷大。但实际电路的参数很难做到完全对称，所以共模抑制比虽然很大，但不是无穷大。

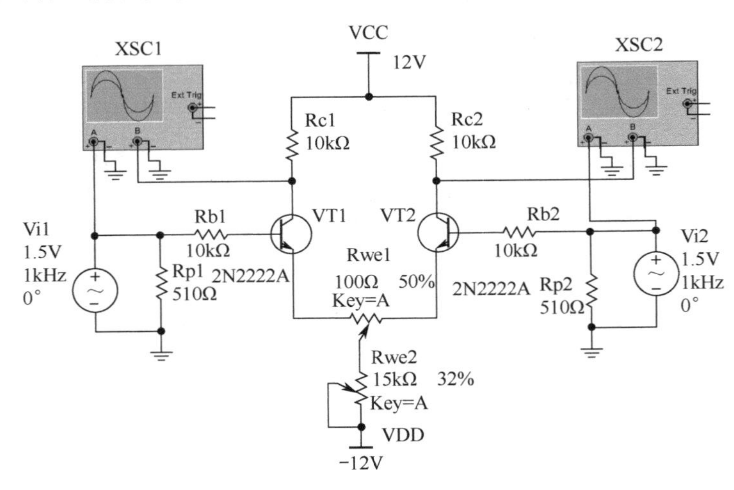

图 3.10　电阻负反馈射极耦合差分放大电路对共模输入信号放大能力的测试电路

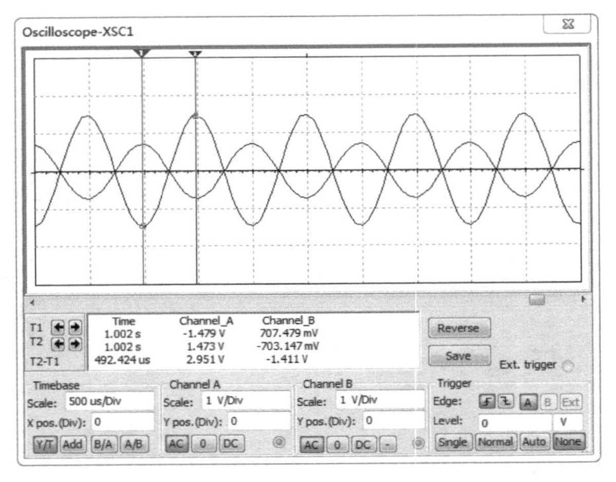

图 3.11　用示波器 XSC1 的 A、B 通道观测到的 VT1 的输入、输出信号波形

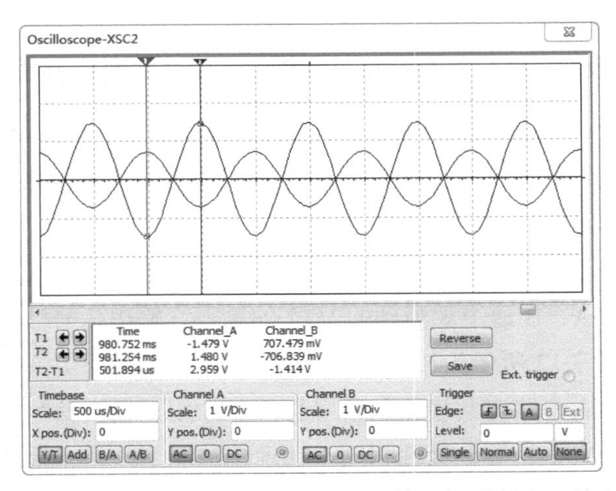

图 3.12　用示波器 XSC2 的 A、B 通道观测到的 VT2 的输入、输出信号波形

3.2.1.2　实验电路的设计与测试

实验电路参照测试电路进行设计。

1. 电阻负反馈射极耦合差分放大电路的设计与静态分析

用数字万用表选出一对型号和批次完全相同、参数近似相等的 NPN 型晶体三极管。

用选出的晶体三极管设计一个电阻负反馈射极耦合差分放大电路，画出电路原理图。

根据实验室条件，选用合适的器件并搭接实验电路。

在接通直流稳压电源后，改变连接在两个晶体三极管发射极之间的电位器的可调端位置，调节两个晶体三极管的静态工作电压，使两个晶体三极管的集电极对地的压降相等。

设计实验数据记录表格，分别测出两个晶体三极管的 3 个引脚对地的压降 V_{EQ}、V_{BQ}、V_{CQ} 并记录下来，分别计算并记录两个晶体三极管发射结的压降 V_{BEQ}、集电结的压降 V_{BCQ}、管压降 V_{CEQ} 等参数，分析晶体三极管是否工作在线性区，若不工作在线性区，则需要重新调节器件参数，设置静态工作点，直至两个晶体三极管都工作在线性区且几乎完全对称，方可继续实验。

2. 电阻负反馈射极耦合差分放大电路对差模输入信号放大能力的测试

在电阻负反馈射极耦合差分放大电路的两个输入端同时加入一对大小相同、极性相反的同频率差模输入信号，用示波器分别在两个晶体三极管的输出端观测是否有与输入信号同频率的信号输出。若在两个输出端可以观测到大小相同、极性相反且与输入信号同频率的放大输出信号，则说明电路工作正常，可以记录差模放大数据。若在两个晶体三极管的输出端不能观测到大小相同、极性相反且与输入信号同频率的放大输出信号，则需要用示波器的探头从输入端开始，沿着交流输入信号的流动方向逐个节点地检测交流信号，直至找到交流信号消失的位置，定位错误的所在位置，纠正错误后方可重新进行测试。

设计实验数据记录表格，画出输入、输出信号波形，测量并记录输入、输出信号的电压有效值、频率等参数，分别计算两个单端信号的差模电压放大倍数并记录下来。

3. 电阻负反馈射极耦合差分放大电路对共模输入信号放大能力的测试

在电阻负反馈射极耦合差分放大电路的两个输入端同时加入一对完全相同的共模输入信号，用示波器分别在两个晶体三极管的输出端观测是否有与输入信号同频率的信号输出。

电阻负反馈射极耦合差分放大电路对共模输入信号有抑制作用，因此若在两个输出端观测到的输出信号幅值较小，则可以将共模输入信号幅值稍微调大，直至在两个输出端可以观测到两个幅值合适、极性相同且频率与输入信号相同的输出信号。

若在输出端观测不到两个极性相同且频率与输入信号相同的输出信号，则需要用示波器的探头从输入端开始，沿着交流输入信号的流动方向逐个节点地检测交流信号，直至找到交流信号消失的位置，定位错误的所在位置，纠正错误后方可重新进行测试。

设计实验数据记录表格，画出输入、输出信号波形，测量并记录输入、输出信号的电压有效值、频率等参数，分别计算两个单端信号的共模电压放大倍数并记录下来。

3.2.2　恒流源负反馈射极耦合差分放大电路的设计与测试

3.2.2.1　仿真设计

用 Multisim 设计恒流源负反馈射极耦合差分放大电路，测试并计算静态工作电压、单端差模电压放大倍数、单端共模电压放大倍数、共模抑制比等。

1. 恒流源负反馈射极耦合差分放大电路的设计与静态分析

用 Multisim 设计的恒流源负反馈射极耦合差分放大电路如图 3.13 所示。电位器 Rwe1 用来调节 VT1 和 VT2 静态工作点的对称性，以保证 VT1 和 VT2 的集电极对地的压降相等；可以在 VT3 的基极加一个电位器以使 VT1 和 VT2 工作在线性区。虚拟万用表 XMM1～XMM6 用于监测 VT1 和 VT2 的 3 个引脚对地的压降。

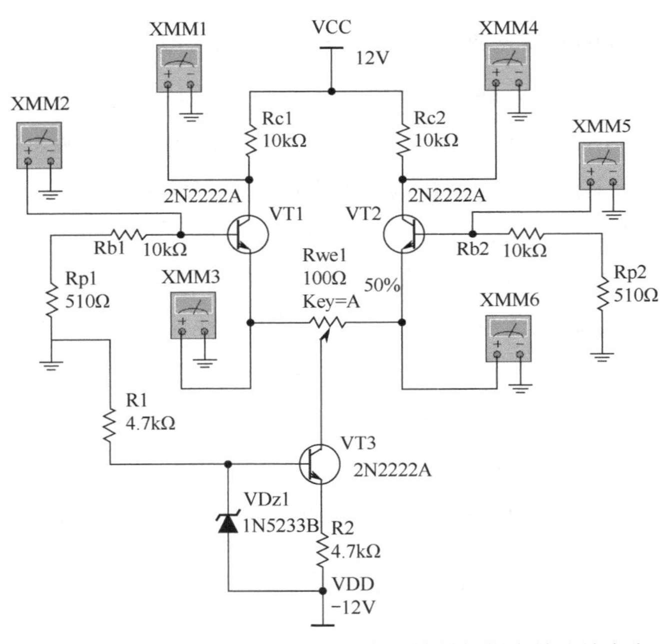

图 3.13　用 Multisim 设计的恒流源负反馈射极耦合差分放大电路

分别测量并记录 VT1 和 VT2 的 3 个引脚对地的压降 V_{BQ}、V_{EQ}、V_{CQ}，计算发射结的压降 V_{BEQ}、集电结的压降 V_{BCQ}、管压降 V_{CEQ} 并记录下来。分析 VT1 和 VT2 是否工作在线性区，若 VT1 和 VT2 不工作在线性区，则需要重新调节器件参数，设置静态工作点，直至 VT1 和 VT2 都工作在线性区且几乎完全对称，方可继续实验。

2. 恒流源负反馈射极耦合差分放大电路对差模输入信号放大能力的测试

保持静态电路不变，在如图 3.13 所示电路的基础上，在 VT1 和 VT2 的输入端分别加入一对大小相等、极性相反的差模输入信号，如图 3.14 所示，测试恒流源负反馈射极耦合差分放大电路对差模输入信号的放大能力。

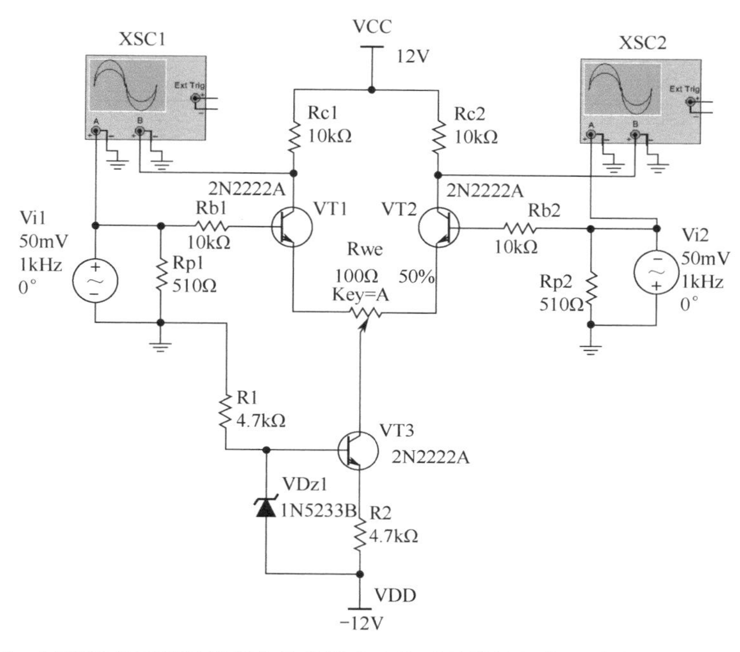

图 3.14　恒流源负反馈射极耦合差分放大电路对差模输入信号放大能力的测试电路

用示波器 XSC1 的 A、B 通道观测到的 VT1 的输入、输出信号波形如图 3.15 所示。

用示波器 XSC2 的 A、B 通道观测到的 VT2 的输入、输出信号波形如图 3.15 所示。

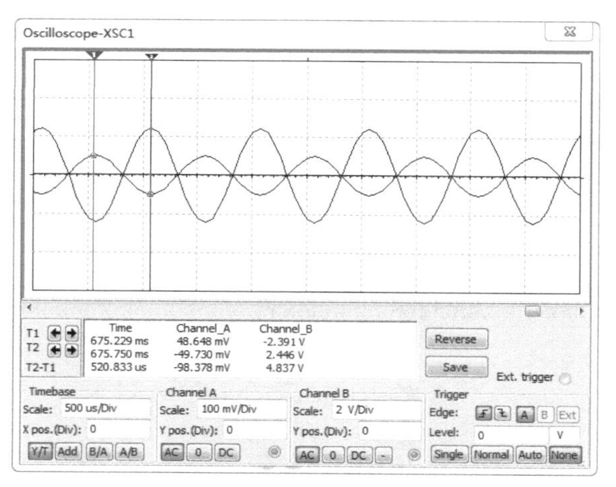

图 3.15　用示波器 XSC1 的 A、B 通道观测到的 VT1 的输入、输出信号波形

分析如图 3.15 和图 3.16 所示的波形可知：在只考虑单端输入、单端输出的情况下，恒流

源负反馈射极耦合差分放大电路对差模输入信号有放大作用，输出信号与输入信号的极性相反。考虑两个差模输入信号大小相等、极性相反，在理想条件下，VT1 和 VT2 的单端输出信号大小相等、极性相反，双端输出信号的幅值变为原来的 2 倍。

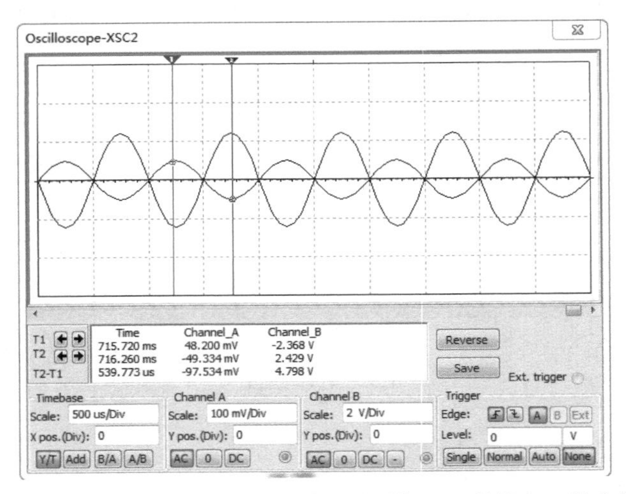

图 3.16 用示波器 XSC2 的 A、B 通道观测到的 VT2 的输入、输出信号波形

3. 恒流源负反馈射极耦合差分放大电路对共模输入信号放大能力的测试

保持静态电路不变，在如图 3.13 所示电路的基础上，在 VT1 和 VT2 的输入端加入一对相同的共模输入信号，如图 3.17 所示，测试恒流源负反馈射极耦合差分放大电路对共模输入信号的放大能力。

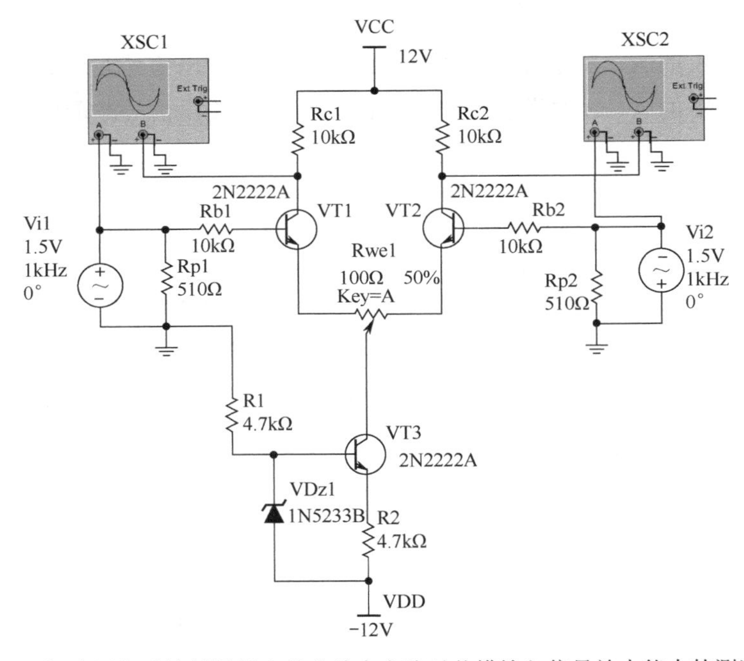

图 3.17 恒流源负反馈射极耦合差分放大电路对共模输入信号放大能力的测试电路

用示波器 XSC1 的 A、B 通道观测到的 VT1 的输入、输出信号波形如图 3.18 所示。

用示波器 XSC2 的 A、B 通道观测到的 VT2 的输入、输出信号波形如图 3.19 所示。

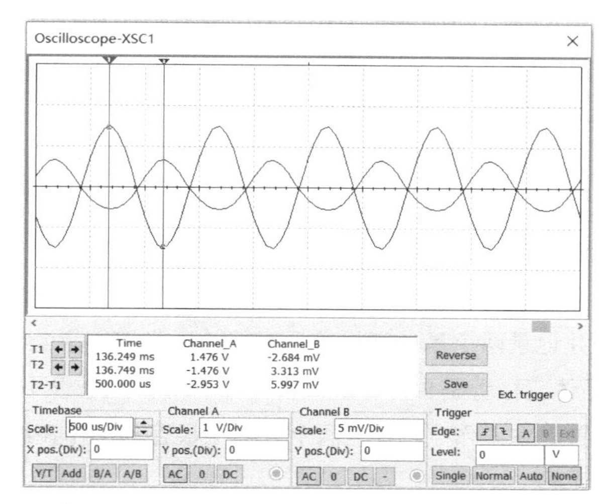

图 3.18　用示波器 XSC1 的 A、B 通道观测到的 VT1 的输入、输出信号波形

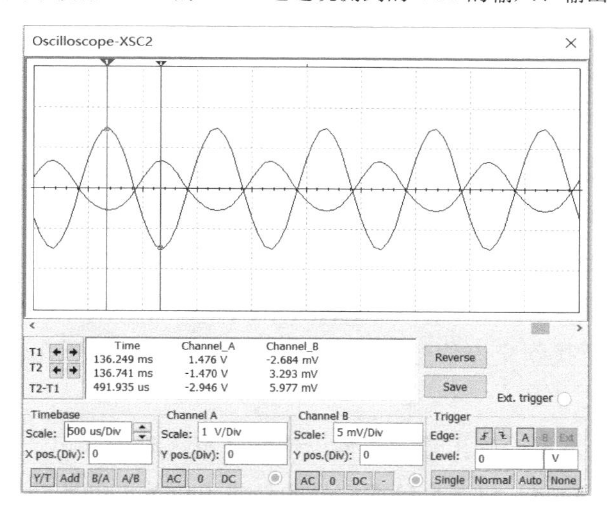

图 3.19　用示波器 XSC2 的 A、B 通道观测到的 VT2 的输入、输出信号波形

分析如图 3.18 和图 3.19 所示的波形，并将其与图 3.11 和图 3.12 对比可知：在只考虑单端输入、单端输出的情况下，恒流源负反馈射极耦合差分放大电路比电阻负反馈射极耦合差分放大电路对共模输入信号的抑制能力强，输出电压的幅值为毫伏级，实验中实际电路的测试结果几乎都淹没在噪声中。由于两个共模输入信号大小相等、极性相同，因此在理想条件下，VT1 和 VT2 的单端输出信号大小相等、极性相同，双端输出信号的幅值为零，共模抑制比为无穷大。但实际电路的参数很难做到完全对称，所以，共模抑制比虽然很大，但不是无穷大。

3.2.2.2　实验电路的设计与测试

实验电路参照测试电路进行设计。

1. 恒流源负反馈射极耦合差分放大电路的设计与静态分析

用数字万用表选出一对型号和批次完全相同、参数近似相等的 NPN 型晶体三极管。

在图 3.4 的基础上，将负反馈电阻换成恒流源，用选出的两个晶体三极管设计一个恒流源负反馈射极耦合差分放大电路，画出电路原理图。

根据实验室条件，选用合适的器件并搭接实验电路。

在接通直流稳压电源后，改变连接在两个晶体三极管发射极之间的电位器的可调端的位置，调节两个晶体三极管的静态工作电压，使两个晶体三极管的集电极对地的压降相等。

设计实验数据记录表格，分别测出两个晶体三极管的 3 个引脚对地的压降 V_{EQ}、V_{BQ}、V_{CQ} 并记录下来，分别计算并记录两个晶体三极管反射结的压降 V_{BEQ}、集电结的压降 V_{BCQ}、管压降 V_{CEQ} 等参数。分析晶体三极管是否工作在线性区，若晶体三极管不工作在线性区，则需要重新调节器件参数，设置静态工作点，直至两个晶体三极管都工作在线性区且几乎完全对称，方可继续实验。

2. 恒流源负反馈射极耦合差分放大电路对差模输入信号放大能力的测试

在恒流源负反馈射极耦合差分放大电路的两个输入端加入一对大小相同、极性相反的同频率差模输入信号，用示波器的两个通道分别在两个晶体三极管的输出端观测是否有与输入信号同频率的信号输出。若在两个输出端可以观测到两个大小近似相等、极性相反且与输入信号同频率的放大信号输出，则说明电路工作正常，可以记录差模放大数据。若在两个晶体三极管的输出端不能观测到两个大小近似相同、极性相反且与输入信号同频率的信号输出，则需要用示波器的探头从输入端开始，沿着交流输入信号的流动方向逐个节点地检测交流信号，直至找到交流信号消失的位置，定位错误的所在位置，纠正错误后方可重新进行测试。

设计实验数据记录表格，画出输入、输出信号波形，测量并记录输入、输出信号的电压有效值、频率等参数，分别计算两个单端信号的差模电压放大倍数并记录下来。

3. 恒流源负反馈射极耦合差分放大电路对共模输入信号放大能力的测试

在恒流源负反馈射极耦合差分放大电路的两个输入端同时加入一对完全相同的共模输入信号，分别在两个晶体三极管的输出端观测是否有与输入信号同频率的信号输出。

与电阻负反馈射极耦合差分放大电路相比，恒流源负反馈射极耦合差分放大电路对共模输入信号有极强的抑制作用，在实验过程中可发现，即使把共模输入信号的幅值调得很大，在两个输出端也很难观测到清晰的、极性相同的输出信号。

仔细观察输出信号波形，与电阻负反馈射极耦合差分放大电路进行比较，分析恒流源负反馈射极耦合差分放大电路对共模输入信号的单端抑制能力。

3.2.3　两种负反馈方式下射极耦合差分放大电路的设计与对比分析实验

将 3.2.1 节和 3.2.2 节的两个实验电路合并，即在对称性调节电位器的可调端连接一个单刀双掷开关（也可以用跳线代替），该开关可以使电路在电阻负反馈射极耦合差分放大电路和恒流源负反馈射极耦合差分放大电路之间切换，实验框图如图 3.20 所示。

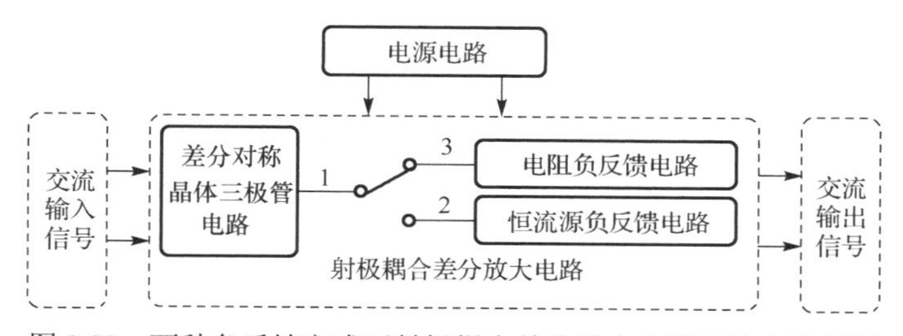

图 3.20　两种负反馈方式下射极耦合差分放大电路对比实验框图

为了比较电阻负反馈射极耦合差分放大电路和恒流源负反馈射极耦合差分放大电路对差模输入信号的放大能力和对共模输入信号的抑制能力有哪些不同，必须先将这两种负反馈方式下的射极耦合差分放大电路的静态工作点调成一致的。

两种负反馈方式下射极耦合差分放大电路的对比实验电路如图 3.21 所示，其中的负反馈电位器（阻值为 R_e）和恒流源上的基极电位器（阻值为 R_{wb}）用于调节静态工作点。通过调节电位器的阻值 R_e 和 R_{wb}，可以将电阻负反馈射极耦合差分放大电路的静态工作点与恒流源负反馈射极耦合差分放大电路的静态工作点调成基本一致的。

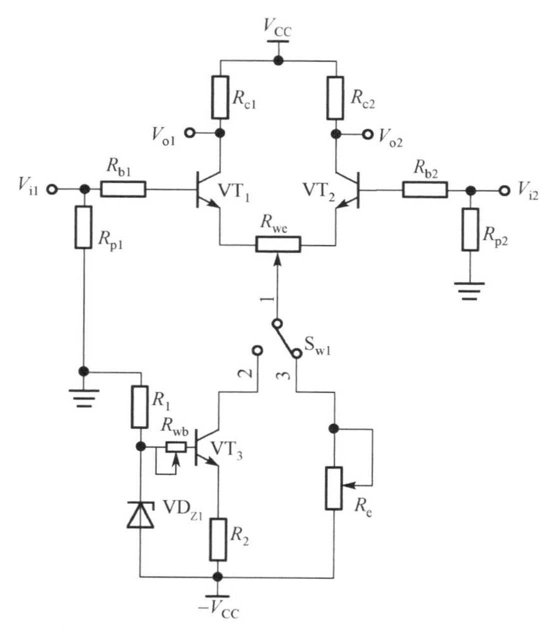

图 3.21　两种负反馈方式下射极耦合差分放大电路的对比实验电路

连接到两个晶体三极管发射极的电位器（阻值为 R_{we}）主要用来补偿两个晶体三极管的非

对称性，将两个晶体三极管的集电极对地的压降调成相等的。为了保证阻值为 R_{we} 的电位器对整个电路的静态工作点的影响较小，同时保证两个晶体三极管的发射极静态工作电流具有对称性，应选用 R_{we} 相对较小的电位器，如选用标称值为 100Ω 的精密多圈电位器。

1. 设置静态工作点

为完成两种负反馈方式下射极耦合差分放大电路的对比实验，必须将两种负反馈方式下射极耦合差分放大电路的静态工作点调成一致的。

通过调节电位器的阻值 R_e 和 R_{wb}，可使在电阻负反馈条件下和恒流源负反馈条件下两个晶体三极管的集电极对地的直流压降基本一致；然后通过调节发射极电位器的阻值 R_{we}，使两个晶体三极管的集电极对地的直流压降相等，即 $V_{o1}=V_{o2}$。

观察实验数据，若发现两个晶体三极管的静态工作电压不对称，且偏差较大，则需要用电压表测量各节点对地的压降，尤其应检查电源和参考地是否接好、所有参考地是否共地，从而确定电路错误所在的位置，纠正错误后方可重新进行测试，直至通过调节发射极电位器的阻值 R_{we} 使两个晶体三极管的静态工作电压一致。

将图 3.21 中的单刀双置开关 S_{w1} 的动触点置于位置 2 处，即将实验电路设置成恒流源负反馈射极耦合差分放大电路。调节发射极电位器的阻值 R_{we}，使两个晶体三极管的集电极对地的直流压降相等，即 $V_{o1}=V_{o2}$。测试恒流源负反馈射极耦合差分放大电路的静态工作电压。

设计实验数据记录表格，分别测出两个晶体三极管的 3 个引脚对地的压降 V_{EQ}、V_{BQ}、V_{CQ} 并记录下来，分别计算并记录两个晶体三极管发射结的压降 V_{BEQ}、集电结的压降 V_{BCQ}、管压降 V_{CEQ} 等参数。分析晶体三极管是否工作在线性区，若晶体三极管未工作在线性区，则需要重新调节器件参数，设置静态工作点，直至两个晶体三极管都工作在线性区且几乎完全对称，方可继续实验。

将图 3.21 中的单刀双置开关 S_{w1} 的动触点由位置 2 切换到位置 3，即将实验电路改成电阻负反馈射极耦合差分放大电路。调节发射极电位器的阻值 R_{we}，使两个晶体三极管集的电极对地的直流压降相等，即 $V_{o1}=V_{o2}$。测试电阻负反馈射极耦合差分放大电路的静态工作电压。

设计实验数据记录表格，分别测出两个晶体三极管的 3 个引脚对地的压降 V_{EQ}、V_{BQ}、V_{CQ} 并记录下来，分别计算并记录两个晶体三极管发射结的压降 V_{BEQ}、集电结的压降 V_{BCQ}、管压降 V_{CEQ} 等参数。分析晶体三极管是否工作在线性区，若晶体三极管未工作在线性区，则需要重新调节器件参数，设置静态工作点，直至两个晶体三极管都工作在线性区且几乎完全对称，方可继续实验。

2. 比较两种负反馈方式下射极耦合差分放大电路对差模输入信号的放大能力

给静态工作电压相同的两种负反馈方式下的射极耦合差分放大电路加入幅值和频率相同的差模输入信号，分别测量在这两种负反馈方式下射极耦合差分放大电路对差模输入信号的单端放大能力。设计实验数据记录表格，画出输入、输出信号波形，测试并记录实验数据。

计算并比较两种负反馈方式下射极耦合差分放大电路对差模输入信号的单端放大能力。

3. 比较两种负反馈方式下射极耦合差分放大电路对共模输入信号的抑制能力

给静态工作电压相同的两种负反馈方式下的射极耦合差分放大电路加入幅值和频率相同的共模输入信号，分别测试在这两种负反馈方式下射极耦合差分放大电路对共模输入信号的单端抑制能力。观察并比较在这两种负反馈方式下射极耦合差分放大电路对共模输入信号的抑制能力有哪些不同。设计实验数据记录表格，观测输入、输出信号波形，测试并记录实验数据。

计算并记录电阻负反馈射极耦合差分放大电路对共模输入信号的单端抑制能力，观测恒流源负反馈射极耦合差分放大电路对共模输入信号的单端抑制能力与电阻负反馈射极耦合差分放大电路对共模输入信号的单端抑制能力有哪些不同并记录下来。

3.3 思　考　题

1. 在射极耦合差分放大电路中，为什么要选用两个参数相同的晶体三极管？
2. 在射极耦合差分放大电路中，为什么要在两个晶体三极管的发射极之间加一个可调电阻？该可调电阻的标称值应该如何确定？如果将该可调电阻去掉，那么差分放大电路的放大性能会有哪些变化？
3. 在电阻负反馈射极耦合差分放大电路实验中，如果测得的两个晶体三极管的静态工作点不对称，那么应该怎样调节？
4. 如何给射极耦合差分放大电路加入差模输入信号？如果在实验过程中发现单端输出的差模放大信号的波形发生了非线性失真，那么应该如何调节？
5. 如何给射极耦合差分放大电路加入共模输入信号？如果在实验过程中发现单端输出的共模放大信号过小，那么应该如何调节？
6. 在测试射极耦合差分放大电路的输出信号时，为什么不可以用示波器的一个通道在两个输出端直接测出双端输出信号？为什么要分两次测量？详细说明测量射极耦合差分放大电路双端输出信号的正确方法。
7. 电阻负反馈射极耦合差分放大电路和恒流源负反馈射极耦合差分放大电路的主要区别是什么？如果想比较电阻负反馈射极耦合差分放大电路和恒流源负反馈射极耦合差分放大电路的异同点，应该如何调节这两种放大电路的静态工作点？
8. 详细分析电阻负反馈射极耦合差分放大电路和恒流源负反馈射极耦合差分放大电路对差模输入信号的放大能力有哪些异同点，对共模输入信号的抑制能力有哪些异同点。

第 4 章　集成运算放大器的线性应用

集成运算放大器（Integrated Operational Amplifier）简称集成运放，是由多级直接耦合放大电路组成的高电压增益、高输入阻抗、低输出阻抗的模拟集成器件。集成运算放大器的输入部分是差动放大电路，有同相和反相两个输入端，同相输入端用“+”表示，反相输入端用“−”表示。集成运算放大器的应用十分广泛，可以在放大、求和、积分运算、微分运算、振荡、迟滞比较、阻抗匹配、有源滤波等电路中使用。

4.1　集成运算放大器

集成运算放大器的内部输入级一般采用差分放大电路，以提高共模抑制比；中间级由一级或多级直接耦合放大电路组成，以提高电压增益；输出级多采用互补对称电路或共集电极单管放大电路，以降低输出阻抗，提高带载能力。

集成运算放大器的电压传输特性曲线如图 4.1 所示，其中 v_P 为同相输入端的电压，v_N 为反相输入端的电压。由集成运算放大器的电压传输特性曲线可以看出，其输出电压 v_{out} 的最大值为正、负饱和电压（$\pm V_{om}$），并且正、负饱和电压不会超过正、负电源电压，即集成运算放大器的输出电压在正、负饱和电压之间变化。

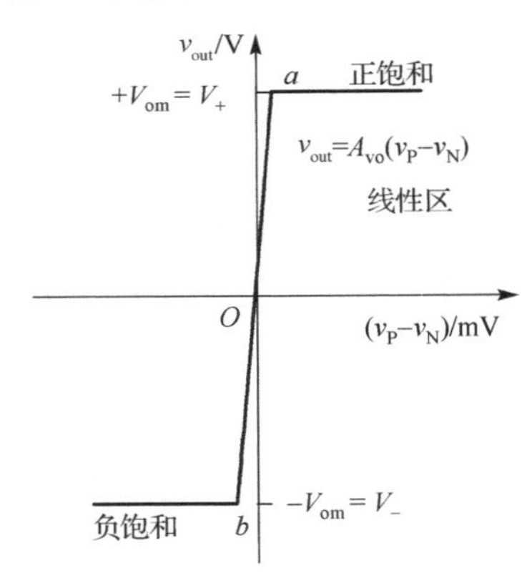

图 4.1　集成运算放大器的电压传输特性曲线

集成运算放大器的差模开环电压增益很高，当反馈电路开环时，即使差模输入电压值（v_P-v_N）很小，也能使集成运算放大器的输出饱和。当输出电压未达到饱和值时，集成运算放大器工作在很窄的线性放大区。在分析电路时，从输入端看进去，集成运算放大器的输入阻抗 r_{in} 很大，在分析电路时通常可以近似为无穷大，即 $r_{in}\to\infty$，可以认为流入（或流出）反相（或同相）输入端的电流为零。集成运算放大器的输出阻抗 r_{out} 很小，在分析电路时通常可以近似为零，即 $r_{out}\to 0$。

4.1.1 集成运算放大器的主要技术参数

集成运算放大器是模拟电路设计中应用最为广泛的器件之一，了解其技术指标和主要性能是正确选择和合理使用集成运算放大器的基础，其主要技术参数如下。

（1）供电电压 V_{CC}：集成运算放大器在正常工作时所允许的供电电压。

（2）最大功耗 P_D：集成运算放大器自身所允许消耗的最大功率。

（3）静态功耗：当输入信号为零时，集成运算放大器自身所消耗的总功率。

（4）输入失调电压 V_{IO}：为使输出端电压为零，在输入端所加的直流补偿电压。

（5）输入失调电流 I_{IO}：当输入电压为零时，流过两个输入端的静态电流之差。

（6）输入偏置电流 I_{BIAS}：集成运算放大器的两个输入端的静态工作电流的平均值。

（7）输出电压摆幅：输出电压允许的摆动范围，即从负饱和电压到正饱和电压。

（8）共模抑制比 K_{CMR}：集成运算放大器的差模电压放大倍数与共模电压放大倍数比值的绝对值。共模抑制比反映了集成运算放大器的放大能力和抗共模干扰能力。

（9）输出短路电流 I_{OS}：在一定的测试条件下，当输出引脚对地短接时的输出电流。

（10）输出电流：分为最大释放电流 I_{source} 和最大吸收电流 I_{sink}。

（11）差模开环电压增益 A_{vo}：当集成运算放大器工作在线性区时，在无外接负反馈器件的条件下，差模电压的放大倍数。

（12）单位增益带宽 B_{G1}：差模电压放大倍数下降到 1 时所对应的输入信号频率。可以用输入信号的频率乘以该频率下的最大电压增益来得到。

（13）电压转换速率：也称压摆率，是指当输入阶跃信号时，集成运算放大器的输出电压相对于时间的最大变化速率，单位为 V/μs。

4.1.2 使用集成运算放大器需要注意的几个问题

集成运算放大器是模拟电路中常用的集成器件，在模拟电路设计中有着广泛的应用。集成运算放大器种类繁多、性能各异，在选用时应注意以下几个问题。

（1）集成运算放大器可以采用两种供电方式：双电源供电和单电源供电。在采用双电源供电时，输入、输出信号的变化以直流参考地（GND）电压为基准做上、下摆动；在采用单电源供电时，需要在电源和地之间加一个参考电压，输入、输出信号的变化以该参考电压为基准做上、下摆动。

（2）输入电压信号与电压放大倍数的乘积不要超过饱和输出电压，否则输出信号会出现失真。在工程设计上，要求将输出电压摆幅设计为最大输出电压值与参考电压的平均值，以保证输出信号的线性度。

（3）虽然在理论计算时，电压增益只与外接电阻的比值有关，但在实际确定电阻值时，还必须兼顾放大电路的输入阻抗、直流偏置电流、级间阻抗匹配、电路热噪声等问题。

（4）在用集成运算放大器设计电路时，电压放大倍数与频带宽度的乘积是一个常数，称为单位增益带宽。在设计电路时，必须考虑单位增益带宽是否满足设计要求。

（5）为消除电源内阻引起的振荡，在使用集成运算放大器时，常将芯片的正电源和负电源分别对地接两个电容：一个是容值较大的电解电容，如 10～100μF 的电解电容；另一个是容值较小的独石电容或瓷片电容，如 0.01～0.1μF 的陶瓷电容，以降低因电源内阻而产生的噪声。

（6）因受集成运算放大器内部的晶体三极管极间电容及其他寄生参量的影响，集成运算放大器比较容易产生自激振荡，为了使集成运算放大器稳定工作，在设计电路时，有时需要外加 RC 消振电路或消振电容，以破坏产生自激振荡的条件。

（7）因集成运算放大器的内部参数不可能做到完全对称，所以当要求较高时，需要对输入失调电压或输入失调电流进行误差补偿，以提高电路的设计精度。

4.2　集成运算放大器的线性应用电路设计基础

在分析集成运算放大器的线性应用电路时，应将集成运算放大器视为理想器件，即输入阻抗为无穷大（$r_{in}\to\infty$），输出阻抗为零（$r_{out}\to 0$），差模开环电压增益为无穷大（$A_{vo}\to\infty$），开环输出电压等于饱和输出电压，即 $v_{out}=A_{vo}(v_P-v_N)$。同相输入电压 v_P、反相输入电压 v_N、输出电压 v_{out} 都是以正、负电源电压的平均值为参考电压的。

由如图 4.1 所示的集成运算放大器的电压传输特性曲线可以看出，在极窄的线性区内，差模输入电压近似等于零，即 $v_{id}=v_P-v_N\approx 0$，同相输入端的电压与反相输入端的电压近似相等，即 $v_P\approx v_N$，称为“虚短”。同时，集成运算放大器的输入阻抗很高，流经两个输入端的电流很小，在分析电路时可以认为流经两个输入端的电流近似等于零，即 $i_{Pi}\approx i_{Ni}\approx 0$，称为“虚断”。集成运算放大器的两个输入端满足“虚短”“虚断”，是判断其工作在线性区的主要依据。

为保证集成运算放大器能正常工作，必须给集成运算放大器提供一个合适的直流稳压电源，直流稳压电源是集成运算放大器内部电路正常工作及对输入信号进行处理的能量来源。

4.2.1　反相放大电路

在如图 4.2 所示的反相放大电路中，输入信号 v_{in} 经阻值为 R_{i1} 的输入电阻加到集成运算放大器的反相输入端，反相输入端与输出端之间跨接一个阻值为 R_f 的负反馈电阻，同相输入端对地接有一个阻值为 R_p 的平衡电阻，这样就构成了最简单的反相放大电路。

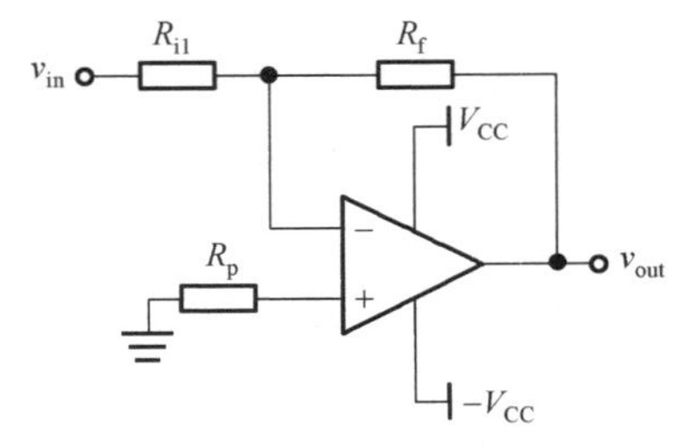

图 4.2　反相放大电路

为削弱集成运算放大器的输入失调对电路的影响，在设计电路时应满足两个输入端静态特性的对称性，即保证两个输入端对地静态平衡，因此在同相输入端接了一个阻值为 R_p 的平衡电阻。

平衡电阻的阻值 R_p 可以按下式计算得到

$$R_p = R_{i1}//R_f$$

在反相放大时，集成运算放大器工作在线性区，两个输入端均满足“虚短”“虚断”，则有

$$v_N = v_P = 0$$

$$\frac{v_{out} - v_N}{R_f} = \frac{v_N - v_{in}}{R_{i1}}$$

反相放大电路的电压放大倍数 A_v 为

$$A_v = \frac{v_{out}}{v_{in}} = -\frac{R_f}{R_{i1}}$$

式中，负号表示输出电压与输入电压反相。

在引入负反馈回路后，当集成运算放大器工作在线性区时，其电压增益与输入电阻的阻值 R_{i1} 和负反馈电阻的阻值 R_f 有关，而与集成运算放大器的差模开环电压增益 A_{vo}、输入阻抗 r_{in}、输出阻抗 r_{out} 无关。

从集成运算放大器的反相输入端看进去，反相放大电路的输入阻抗 R_i 为

$$R_i = \frac{v_{in}}{i_{in}} = \frac{v_{in}}{\frac{v_{in}}{R_{i1}}} = R_{i1}$$

在确定输入电阻的阻值 R_{i1} 时，应综合考虑输入阻抗、输入偏置电流等因素。负反馈电阻的阻值 R_f 应满足电压放大倍数和电路热噪声等的设计要求。

因为理想集成运算放大器的输出阻抗 $r_{out} \to 0$，所以反相放大电路的输出阻抗 R_{out} 为

$$R_{out} = r_{out}//[R_f + (R_{i1}//R_p)] \to 0$$

由以上分析可知，反相放大电路的输入阻抗与接在集成运算放大器反相输入端的电阻的阻值有关，输出阻抗小，电压放大倍数可以用负反馈电阻的阻值与输入电阻的阻值的比值而得到。

当输入电阻与负反馈电阻的阻值相等时，集成运算放大器的电压增益等于−1，反相放大电路就变成了反相电路。

在如图 4.3 所示的反相加法电路中，集成运算放大器的反相输入端接有多个输入电阻，每个输入电阻接有一路输入信号，这样就构成了反相加法电路。

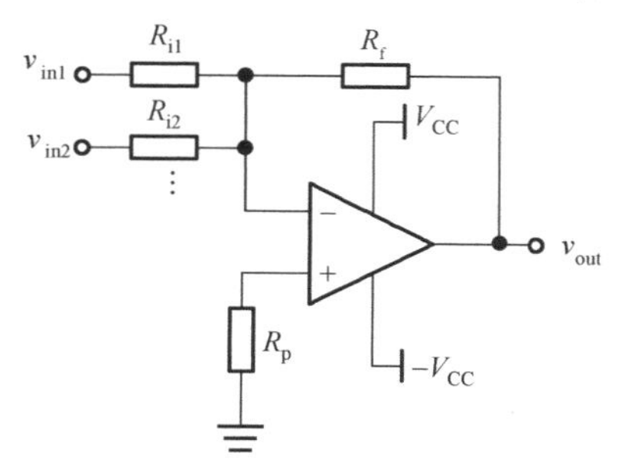

图 4.3　反相加法电路

反相加法电路也称为反相求和电路，其输出电压为

$$v_{out} = A_{v1} \times v_{in1} + A_{v2} \times v_{in2} + \cdots$$

式中，$A_{v1} = -\dfrac{R_f}{R_{i1}}$，$A_{v2} = -\dfrac{R_f}{R_{i2}}$，……

平衡电阻的阻值 R_p 可以按下式计算得到

$$R_p = R_{i1}//R_{i2}//\cdots//R_f$$

反相加法电路的输入阻抗为

$$R_{in} = R_{i1}//R_{i2}//\cdots$$

反相加法电路的输出阻抗 $R_{out} \to 0$。

4.2.2 同相放大电路

同相放大电路如图 4.4 所示，输入信号通过接在同相输入端的阻值为 R_{i1} 的电阻引入，反相输入端和输出端之间接有一个阻值为 R_f 的负反馈电阻，反相输入端与地之间接有一个阻值为 R_1 的电阻。

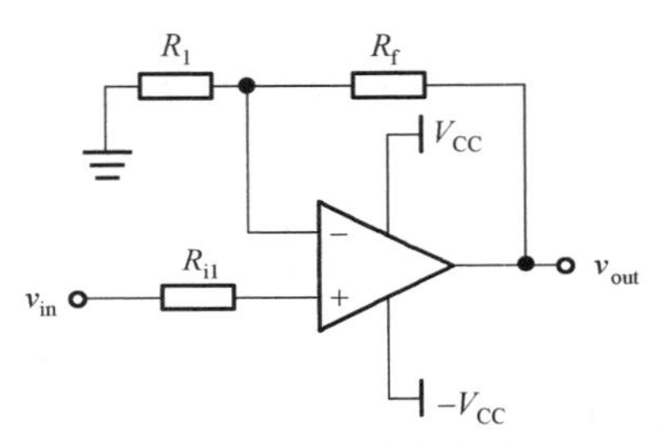

图 4.4 同相放大电路

负反馈电阻使集成运算放大器工作在线性区，两个输入端均满足“虚短”“虚断”，即

$$v_N = v_P = v_{in}$$

$$\frac{v_{out} - v_N}{R_f} = \frac{v_N}{R_1}$$

同相放大电路的电压放大倍数 A_v 为

$$A_v = \frac{v_{out}}{v_{in}} = \frac{R_1 + R_f}{R_1} = 1 + \frac{R_f}{R_1}$$

由上式可知，同相放大电路的电压放大倍数与接在反相输入端的电阻的阻值 R_1 和负反馈电阻的阻值 R_f 有关，而与接在同相输入端的电阻的阻值 R_{i1} 及集成运算放大器的差模开环电压增益 A_{vo}、输入阻抗 r_{in}、输出阻抗 r_{out} 无关，输出电压与输入电压同相。

虽然接在同相输入端的电阻的阻值 R_{i1} 不参与电压放大倍数的计算，但是为了削弱集成运算放大器的输入失调对电路性能的影响，应保证两个输入端静态平衡，在设计电路时应在同相输入端加一个阻值为 R_{i1} 的平衡电阻。

平衡电阻的阻值 R_{i1} 的计算方法是

$$R_{i1} = R_1//R_f$$

由于集成运算放大器的输入阻抗很大，一般认为 r_{in}→∞，所以输入电流 i_{in}→0。从集成运算放大器的同相输入端看进去，同相放大电路的输入阻抗 R_{in} 为

$$R_{in} = \frac{v_{in}}{i_{in}} \to \infty$$

因为理想集成运算放大器的输出阻抗 r_{out}→0，所以同相放大电路的输出阻抗 R_{out} 为

$$R_{out} = r_{out}//[R_f + (R_{i1}//R_1)] \to 0$$

由以上分析可知，同相放大电路的输入阻抗高、输出阻抗低，其电压放大倍数与负反馈电阻的阻值和接在反相输入端与地之间的电阻的阻值有关，而与接在同相输入端的电阻的阻值无关。

4.2.3　电压跟随器

电压跟随器如图 4.5 所示。

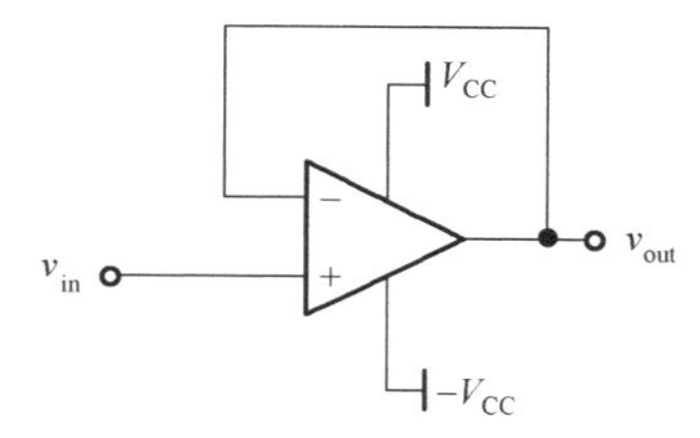

图 4.5　电压跟随器

根据理想集成运算放大器工作在线性区时两个输入端满足“虚短”“虚断”，可得

$$v_{out} = v_N = v_P = v_{in}$$

即输出电压随着输入电压的变化而变化，电压放大倍数 A_v=1。

和同相放大电路一样，电压跟随器的输入信号从同相输入端接入，其输入阻抗等于从同相输入端看进去的阻抗，即 R_{in}→∞；输出阻抗近似等于集成运算放大器的输出阻抗，即 R_{out}→0。

4.2.4　求差电路

从电路结构上看，如图 4.6（a）所示的求差电路是由一个反相放大电路和一个同相放大电路组成的，两个输入信号 v_{in1} 和 v_{in2} 分别通过接在反相输入端的阻值为 R_1 的电阻和接在同相输入端的阻值为 R_2 的电阻引入；输入信号 v_{in1} 被反相放大，输入信号 v_{in2} 被同相放大。

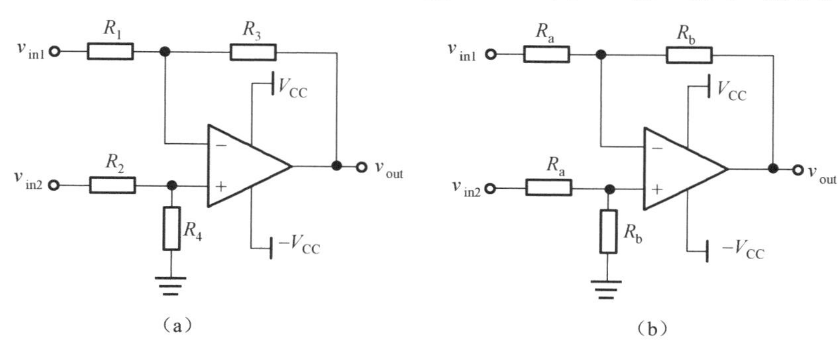

图 4.6　求差电路

为计算方便，通常取 $R_1 = R_2 = R_a$，$R_3 = R_4 = R_b$，其电路原理图如图 4.6（b）所示。工作在线性区的集成运算放大器的两个输入端满足“虚短”“虚断”，因此

$$v_N = v_P$$

$$\frac{v_{out} - v_N}{R_b} = \frac{v_N - v_{in1}}{R_a}$$

$$\frac{v_{in2} - v_P}{R_a} = \frac{v_P}{R_b}$$

由以上三式可以推出输出电压为

$$v_{out} = \frac{R_b}{R_a}(v_{in2} - v_{in1})$$

即输出信号是对两个输入信号放大后的叠加。

求差电路的差模电压增益 A_{vd} 为

$$A_{vd} = \frac{v_{out}}{v_{in2} - v_{in1}} = \frac{R_b}{R_a}$$

对于如图 4.6（b）所示的电路，其输入阻抗 $R_{in} = 2R_a$，输出阻抗 $R_{out} \to 0$。

4.2.5　积分运算电路

将反相放大电路中的负反馈电阻换成电容，即可构成积分运算电路，如图 4.7 所示。

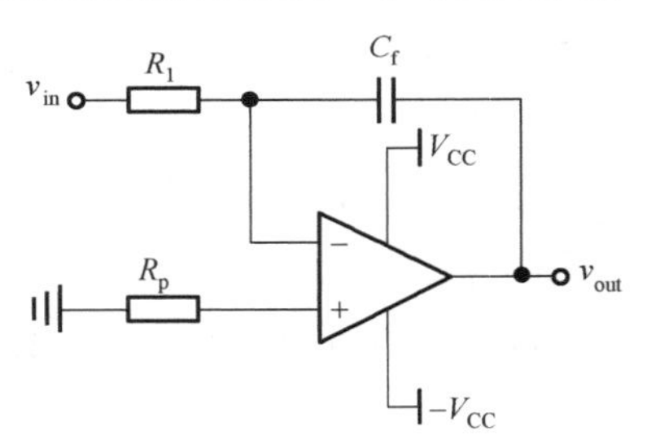

图 4.7　积分运算电路

和反相放大电路一样，积分运算电路在同相输入端与地之间接一个阻值为 R_p 的平衡电阻，以保证集成运算放大器的两个输入端静态平衡，削弱集成运算放大器的输入失调对电路的影响。

在积分运算过程中，集成运算放大器工作在线性区，两个输入端满足“虚短”“虚断”，输入信号 v_{in} 产生的电流流经阻值为 R_1 的电阻后对电容进行充电。若电容两端的初始电压为零，则有

$$v_N = v_P = 0$$

$$v_N - v_{out} = \frac{Q}{C_f} = \frac{1}{C_f}\int i_c \mathrm{d}t = \frac{1}{C_f}\int \frac{v_{in}}{R_1}\mathrm{d}t$$

从而可得

$$v_{out} = -\frac{1}{R_1 C_f}\int v_{in}\mathrm{d}t$$

上式表明，输出电压与输入电压对时间的积分有关，负号表示输出电压的变化方向，即当输入信号为正电压时，输出电压减小；当输入电压为负电压时，输出电压增大。

当输入信号是直流电压信号时，充电电流恒定，电容将以恒流的方式被充电，则输出电压与时间之间是线性关系，即为线性积分

$$v_{\text{out}} = -\frac{v_{\text{in}}}{R_1 C_{\text{f}}} t = -\frac{v_{\text{in}}}{\tau} t$$

式中，$\tau = R_1 C_{\text{f}}$，为积分时间常数，其作用主要是体现积分速度变化的快慢。积分时间常数越大，积分速度变化越慢；积分时间常数越小，积分速度变化越快。积分运算电路的输出电压的最大值受集成运算放大器的饱和输出电压的制约，当输出电压达到饱和输出电压时，积分运算电路停止积分。

积分时间常数 τ 过小，会导致积分速度变化过快，积分时间过短，输出电压会迅速达到饱和输出电压。当输出电压达到饱和状态时，在没有漏电的情况下会一直保持下去，直到输入电压的极性发生变化，电容才向相反的方向放电，继续完成反相积分。

4.2.6　微分运算电路

将积分运算电路中的积分电阻和电容交换位置，即可构成微分运算电路，如图 4.8 所示。

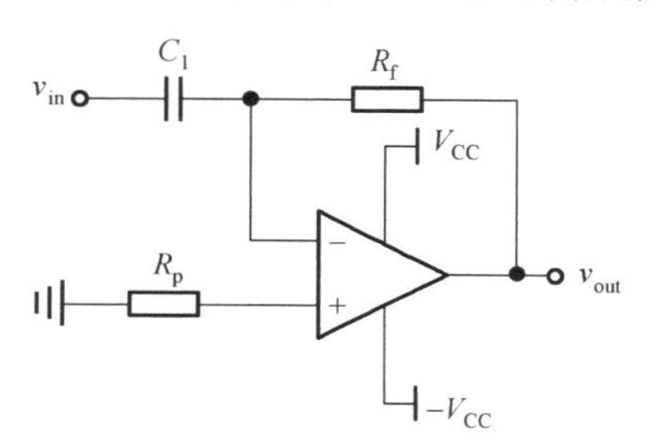

图 4.8　微分运算电路

微分运算电路的输入信号通过接在反相输入端的电容引入，同相输入端与地之间接一个阻值为 R_{p} 的平衡电阻，以保证集成运算放大器的两个输入端静态平衡，削弱集成运算放大器的输入失调对电路的影响。

当工作在线性区时，理想集成运算放大器的两个输入端满足“虚短”“虚断”。若电容的初始电压为零，则接入输入信号后开始对电容进行充电，充电电流满足

$$i_{\text{c}} = C_1 \frac{\mathrm{d}v_{\text{in}}}{\mathrm{d}t}$$

在负反馈电阻上产生的压降为

$$v_{\text{N}} - v_{\text{out}} = i_{\text{c}} R_{\text{f}} = R_{\text{f}} C_1 \frac{\mathrm{d}v_{\text{in}}}{\mathrm{d}t}$$

$$v_{\text{N}} = v_{\text{P}} = 0$$

从而可得

$$v_{\text{out}} = -R_{\text{f}} C_1 \frac{\mathrm{d}v_{\text{in}}}{\mathrm{d}t} = -\tau \frac{\mathrm{d}v_{\text{in}}}{\mathrm{d}t}$$

上式表明，输出信号与输入信号是微分关系，负号表示两个信号的变化方向相反。

为了保证输出信号变化速度较快、脉冲宽度较窄，在选取微分运算电路的电阻和电容时，应使 *RC* 值远小于输入信号的脉冲宽度，最好小于脉冲宽度的五分之一，否则微分效果不好。

4.3 常用的集成运算放大器

集成运算放大器种类繁多，实验室中提供的集成运算放大器大多是市场上比较常见的、价格相对便宜的几种通用型集成运算放大器。

4.3.1 集成运算放大器的种类及其应用

在用集成运算放大器来设计电路时，如果没有特殊要求，那么应尽量选用通用型集成运算放大器。比较常用的通用型集成运算放大器有单集成运算放大器 μA741/LM741、双集成运算放大器 LM358、四集成运算放大器 LM324 等。

通用型集成运算放大器的主要技术参数如表 4.1 所示。

表 4.1 通用型集成运算放大器的主要技术参数

技术参数	数值范围	单位	技术参数	数值范围	单位
输入阻抗	0.5～2	MΩ	共模抑制比	70～90	dB
输入失调电压	0.3～7	mV	单位增益带宽	0.5～2	MHz
输入失调电流	2～50	nA	电压转换速率	0.5～0.7	V/μs
差模开环电压增益	65～100	dB	静态功耗	80～120	mW

由于生产厂家不同，因此即使是同一种型号的芯片，其具体的技术参数也不完全相同，在使用时应查阅相关生产厂家提供的产品数据手册。

推荐产品数据手册免费下载网址：http://www.alldatasheet.com/。

市场上有很多特殊应用的集成运算放大器，其简介如下。

高输入阻抗集成运算放大器具有输入阻抗高、输入偏置电流小等优点，如 AD549。高输入阻抗集成运算放大器的输入偏置电流极小，一般为几皮安至几十皮安，有的甚至可以达到飞安级，此类集成运算放大器主要用于对微弱信号的拾取。

高精度集成运算放大器具有低失调、低温漂、低噪声等特点，如 OP07、OP117 等，此类集成运算放大器常被用在高精度仪器仪表中。

高速型集成运算放大器的电压转换速率较高，可以达到几十伏/微秒至几百伏/微秒，并且其单位增益带宽也相对较宽，可以达到 10MHz 以上，如 LM318、EL2030 等，此类集成运算放大器多被用在模数转换器、数模转换器、精密比较电路中。

低功耗型集成运算放大器通常是指当电源电压为±15V 时，最大功耗不大于 6mW，在低电源电压下工作时，具有极低的静态功耗的集成运算放大器，如 TL-022C、TL-060C、ICL7600 等，此类集成运算放大器多被用在工业遥测、遥感、空间技术等领域。

4.3.2　单集成运算放大器 μA741/LM741

飞利浦和仙童等公司生产的 μA741/LM741 是通用型单集成运算放大器，产品分军用级、工业级和商用级等不同等级。芯片内部设有输出短路保护电路，芯片外部设有失调电压调零引脚，可以将输入失调电压进行调零。其性能可以满足一般性电路的设计要求，是早些年最常用的集成运算放大器之一，其应用十分广泛。

μA741/LM741 主要采用 8 个引脚的双列直插式封装，如图 4.9 所示。

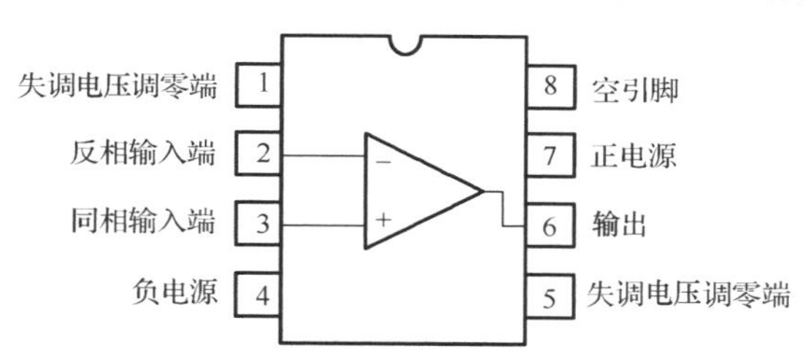

图 4.9　μA741/LM741 的引脚封装

μA741/LM741 的引脚封装与低失调精密集成运算放大器 OP07 的完全一样，可以替换的其他集成运算放大器还有 μA709、LM301、LM308、LF356、OP07、OP37、MAX427 等。

μA741/LM741 的主要技术参数如表 4.2 所示。

表 4.2　μA741/LM741 的主要技术参数

技 术 参 数	符　号	参 数 值	单　位
最高供电电压	V_S	44	V
输入偏置电流（典型值）	I_{IB}	80	nA
输入失调电流（典型值）	I_{IO}	20	nA
输入失调电压（典型值）	V_{IO}	1	mV
输入阻抗（典型值）	R_{IN}	2	MΩ
输出阻抗（典型值）	R_{OUT}	75	Ω
单位增益带宽	B_{G1}	0.9	MHz
供电电流（典型值）	I_{CC}	1.4	mA
输出短路电流（典型值）	I_{OS}	25	mA
共模抑制比（典型值）	K_{CMR}	90	dB

4.3.3　双集成运算放大器 LM358

LM358 是一种通用型双集成运算放大器，其内部有两个独立的集成运算放大器。

LM358 的引脚封装与 MC1558 兼容，主要采用了 8 个引脚的双列直插式封装和贴片式封装两种封装形式，LM358 的外形图如图 4.10 所示，LM358 的引脚封装如图 4.11 所示。

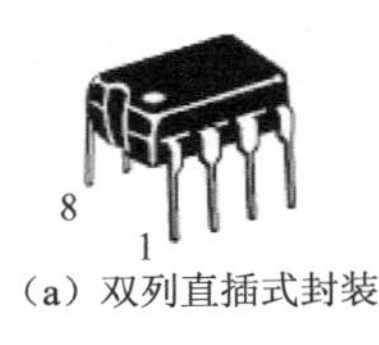

（a）双列直插式封装

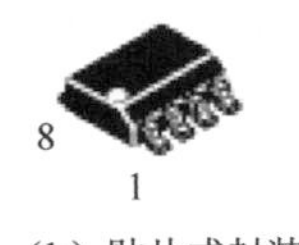

（b）贴片式封装

图 4.10　LM358 的外形图

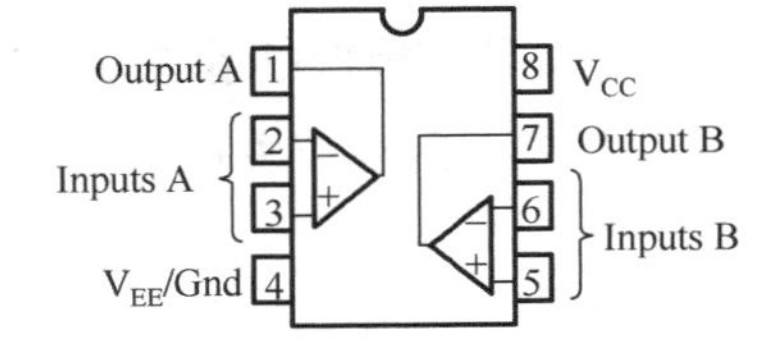

图 4.11　LM358 的引脚封装

LM358 的主要技术参数如表 4.3 所示。

表 4.3　LM358 的主要技术参数

技 术 参 数	符　　号	参 数 值	单　　位
最高供电电压	V_S	32	V
输入偏置电流（典型值）	I_{IB}	50	nA
输入失调电流（典型值）	I_{IO}	5	nA
输入失调电压（典型值）	V_{IO}	2	mV
供电电流（典型值）	I_{CC}	1.5	mA
输出短路电流（典型值）	I_{OS}	40	mA
共模抑制比（典型值）	K_{CMR}	70	dB

4.3.4　四集成运算放大器 LM324

LM324 芯片内部有 4 个独立的集成运算放大器，其静态工作电流小，适用于±(1.5～16)V 的双电源供电场合。

LM324 有 14 个引脚，主要采用双列直插式封装、窄体贴片式封装和宽体贴片式封装，LM324 的外形图如图 4.12 所示，LM324 的引脚封装如图 4.13 所示。

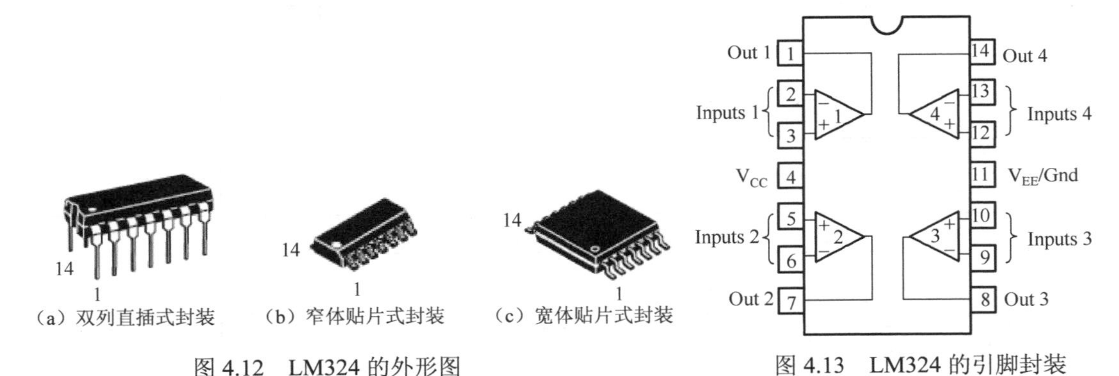

（a）双列直插式封装　（b）窄体贴片式封装　（c）宽体贴片式封装

图 4.12　LM324 的外形图

图 4.13　LM324 的引脚封装

LM324 的主要技术参数如表 4.4 所示。

表 4.4　LM324 的主要技术参数

技 术 参 数	符　　号	参 数 值	单　　位
最高供电电压	V_S	32	V
输入偏置电流（典型值）	I_{IB}	40	nA
输入失调电流（典型值）	I_{IO}	3	nA

续表

技 术 参 数	符　　号	参 数 值	单　　位
输入失调电压（典型值）	V_{IO}	1.5	mV
单位增益带宽	B_{G1}	1.2	MHz
供电电流（典型值）	I_{CC}	1	mA
输出短路电流（典型值）	I_{OS}	40	mA
共模抑制比（典型值）	K_{CMR}	75	dB

4.3.5　集成运算放大器 NE5532

NE5532 是内置补偿电路的低噪声双集成运算放大器，具有驱动能力强、单位增益带宽大、电压转换速率高等优点，常被用在高品质专业音响设备、电话通道放大电路中。

NE5532 的引脚封装如图 4.14 所示。

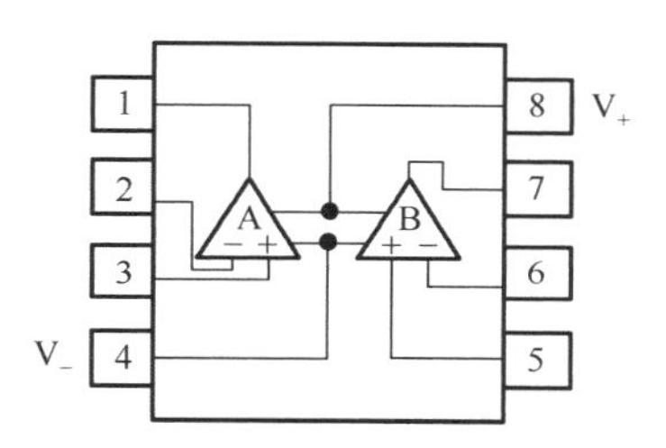

图 4.14　NE5532 的引脚封装

NE5532 的主要技术参数如表 4.5 所示。

表 4.5　NE5532 的主要技术参数

技 术 参 数	符　　号	参 数 值	单　　位
最高供电电压	V_S	±(5～15)	V
输入偏置电流（典型值）	I_{IB}	200	nA
输入失调电压（典型值）	V_{IO}	5	mV
单位增益带宽	B_{G1}	10	MHz
功率带宽	B_{OM}	140	kHz
最大功耗（T_A=25℃）	P_D	1200	mW
电压转换速率	SR	9	V/μs
供电电流（典型值）	I_{CC}	8	mA
输出短路电流（典型值）	I_{OS}	38	mA
共模抑制比（典型值）	K_{CMR}	100	dB

用 NE5532 设计的音频放大电路具有音色温暖、保真度高等优点，在 20 世纪 90 年代，NE5532 一直被誉为“运算放大器之皇”，至今其仍是很多音响发烧友手中必备的集成运算放大器之一。

4.4　实验电路的设计与测试

从实验室所提供的集成运算放大器（如 μA741、LM358、LM324 等）中选出一种，查阅产品数据手册，画出其引脚封装图和电路原理图，写出所选用的集成运算放大器的主要技术参数，如最高供电电压、输入偏置电流、供电电流、输入失调电压、输入失调电流、单位增益带宽等，了解各参数的意义。

4.4.1　反相放大电路的设计与实现

用 Multisim 设计的反相放大电路如图 4.15 所示。

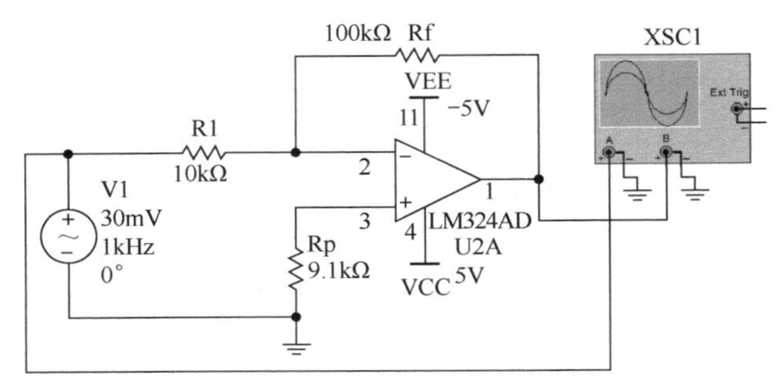

图 4.15　用 Multisim 设计的反相放大电路

如图 4.15 所示的电路选用了集成运算放大器 LM324AD，电阻的参数设置见相关电路原理图。交流输入信号的幅值为 30mV（有效值），频率为 1kHz，其设置如图 4.16 所示。

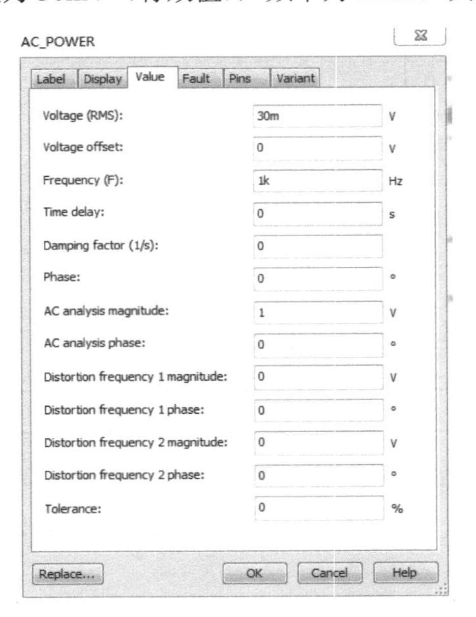

图 4.16　交流输入信号的设置

单击“仿真”按钮，通过示波器 XSC1 的 A、B 通道观测到的输入、输出信号波形如图 4.17 所示。

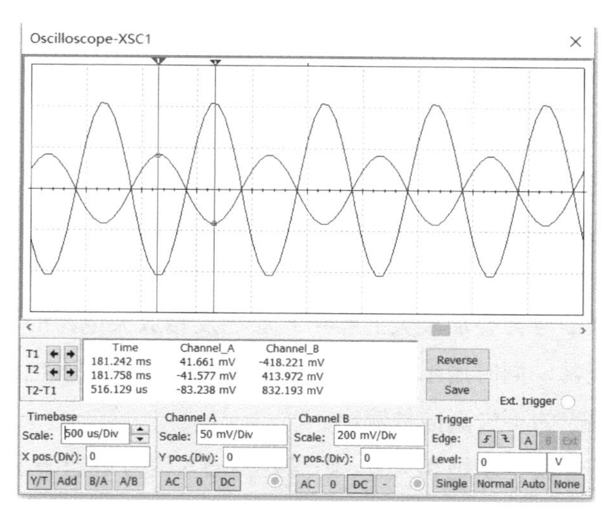

图 4.17　通过示波器 XSC1 的 A、B 通道观测到的输入、输出信号波形

输入信号的幅值应根据实际电路的需要进行合理设置，须保证输出电压的幅值小于集成运算放大器的最大允许输出电压，最好小于工程设计要求的输出动态范围，以免引起非线性失真。

根据如图 4.18 所示的电路，用实验室提供的集成运算放大器（如 μA741、LM358、LM324 等）设计一个反相放大电路，实现对输入信号的反相放大，即

$$v_{out} = -\frac{R_f}{R_{i1}} v_{in}$$

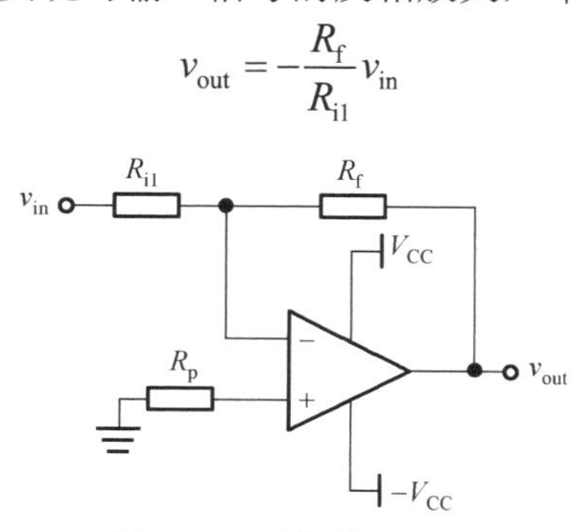

图 4.18　反相放大电路

为减小由输入失调引起的误差，最好在集成运算放大器的同相输入端接一个阻值为 R_p 的平衡电阻，平衡电阻的阻值应与接在反相输入端的直流等效电阻相等，即

$$R_p = R_{i1} // R_f$$

根据实验室条件及输入阻抗和放大倍数的要求，选用合适的器件并搭接实验电路，计算平衡电阻的阻值，在电路原理图上标注出最终所选用的器件的参数值。

检查实验电路；接通直流稳压电源，注意观察直流稳压电源的供电电流是否超过集成运

算放大器的最大静态工作电流；测试集成运算放大器各引脚的直流工作电压是否满足设计要求，即确认芯片电源引脚上的电压与供电电压是否一致；测试同相输入端的静态工作电压与接入的直流参考电压是否一致，即是否满足“虚断”条件；测试反相输入端的静态工作电压与同相输入端的静态工作电压是否一致，即是否满足“虚短”条件。

只要发现以上测试结果有一个不能满足设计要求，就必须重新检查电路，定位错误的所在位置，纠正错误后重新进行测试。

当确定以上测试结果都满足设计要求时，方可继续实验。

将函数发生器的输出信号波形设置成正弦波，并将频率为 1kHz 的小信号（幅度的有效值最好大于 10mV，否则信号会叠加较大的噪声）加在反相放大电路的输入端。用示波器观测输入信号的波形是否正常，同时用示波器的其他通道观测反相放大电路的输出端是否有与输入信号同频率且反相放大的不失真信号输出。

若观测到的输出信号发生了饱和失真，则需要将输入信号适当调小或降低电压放大倍数；若观测到的输出信号幅值较小、相对噪声较大，则需要将输入信号适当调大或提高电压放大倍数；若没有观测到按理论计算结果放大的输出信号，则需要检查所选用的电阻的阻值是否满足要求，或者重新检测电路的静态工作点是否正常。

当在输出端可以观测到与输入信号同频率且反相放大的不失真输出信号时，设计实验数据记录表格，测试并记录实验数据，画出输入、输出信号波形，计算电压放大倍数，检验反相放大电路是否满足设计要求。

将反相放大电路改成反相电路，重新完成上述实验。

4.4.2　反相加法电路的设计与实现

用 Multisim 设计的反相加法电路如图 4.19 所示，两个输入信号必须同频率、同相位，图 4.19 所示电路选用的是直流电压信号，电压分别为 0.1V、0.3V。

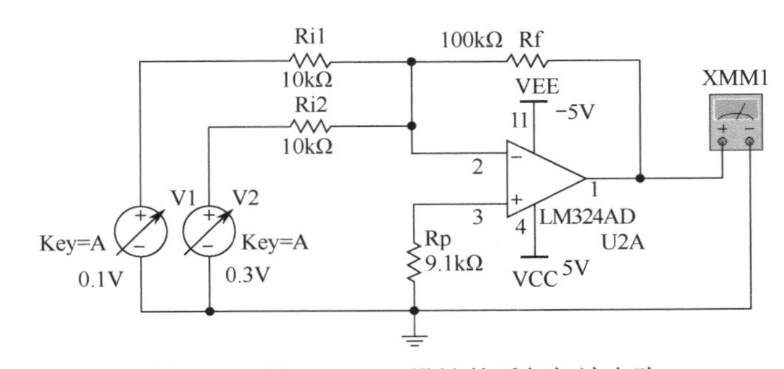

图 4.19　用 Multisim 设计的反相加法电路

单击“仿真”按钮，数字万用表 XMM1 的读数如图 4.20 所示，与理论计算结果相符。

图 4.20　数字万用表 XMM1 的读数

在反相放大电路的基础上，给实验电路加入多个输入信号，即可构成反相加法电路，如图 4.21 所示。在实际应用中，可根据需要设定反相加法电路输入信号的数量。

如图 4.21 所示的反相加法电路的输出电压与输入电压之间满足

$$v_{\text{out}} = A_{\text{v1}} \times v_{\text{in1}} + A_{\text{v2}} \times v_{\text{in2}} + \cdots = -\frac{R_{\text{f}}}{R_{\text{i1}}} v_{\text{in1}} - \frac{R_{\text{f}}}{R_{\text{i2}}} v_{\text{in2}} - \cdots$$

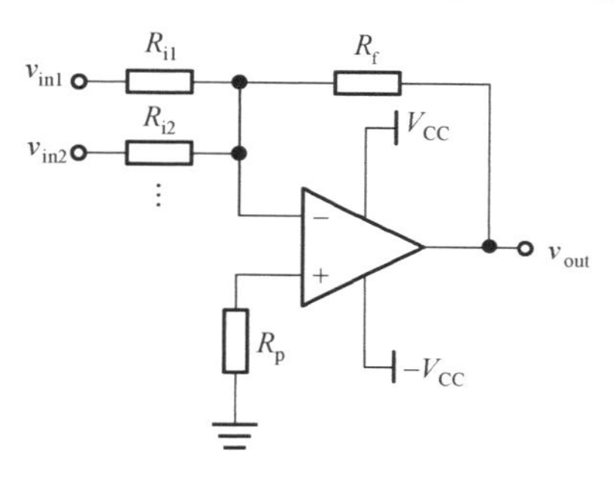

图 4.21　反相加法电路

为减小由输入失调引起的误差，在集成运算放大器的同相输入端接入一个阻值为 R_{p} 的平衡电阻，平衡电阻的阻值应与接在反相输入端的直流等效电阻相等，即

$$R_{\text{p}} = R_{\text{i1}} // R_{\text{i2}} // \cdots // R_{\text{f}}$$

根据如图 4.21 所示的电路，用实验室所提供的集成运算放大器（如 μA741、LM358、LM324 等）设计一个反相加法电路，实现对输入信号的反相放大求和。

根据实验室条件及输入阻抗和电压放大倍数的设计要求，选用合适的器件并搭接实验电路，计算平衡电阻的阻值，在电路原理图上标注出最终所选用的器件的参数值。

检查实验电路，接通直流稳压电源，注意观察直流稳压电源的供电电流是否超过集成运算放大器的最大静态工作电流；测试集成运算放大器各引脚的直流工作电压是否满足设计要求，即确定芯片电源引脚上的电压与供电电压是否一致；测试同相输入端的静态工作电压与接入的直流参考电压是否一致，即是否满足“虚断”条件；测试反相输入端的静态工作电压与同相输入端的静态工作电压是否一致，即是否满足“虚短”条件。

只要发现以上测试结果有一个不能满足设计要求，就应该重新检查电路，定位错误的所在位置，纠正错误后重新进行测试。

当确定以上测试结果都满足设计要求时，给反相加法电路加入同频率、同起始相位的交流输入信号并用示波器观测，同时用示波器的其他通道在输出端观测输出信号的变化。

当确定输出信号满足设计要求时，设计实验数据记录表格，画出输入、输出信号波形，测试并记录实验数据，验证反相加法电路实验测试数据是否满足设计要求。

4.4.3 同相放大电路的设计与实现

用 Multisim 设计的同相放大电路如图 4.22 所示。输入信号的幅值（有效值）为 30mV，频率为 1kHz。

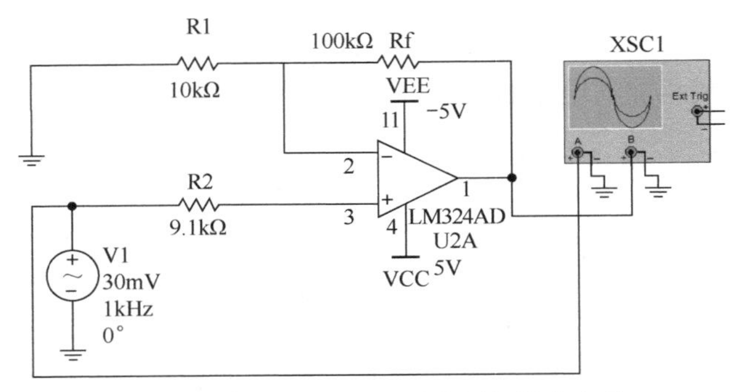

图 4.22 用 Multisim 设计的同相放大电路

单击“仿真”按钮，通过示波器 XSC1 的 A、B 通道观测到的输入、输出信号波形如图 4.23 所示。

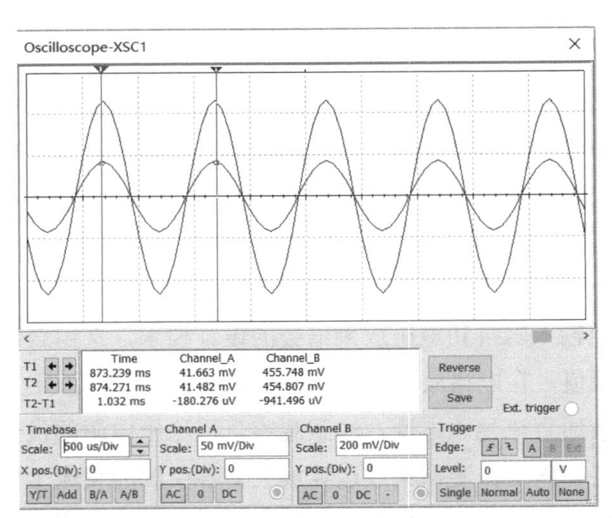

图 4.23 通过示波器 XSC1 的 A、B 通道观测到的输入、输出信号波形

输入信号的幅值应根据实际电路的需要进行合理设置，须保证输出电压的幅值小于集成运算放大器的最大允许输出电压，最好小于工程设计要求的输出动态范围，以免产生非线性失真。

与反相放大电路相比，同相放大电路的输入阻抗高，在小信号放大电路中较为常见。

在如图 4.24 所示的电路中，输出电压与输入电压之间满足

$$v_{\text{out}} = \frac{R_1 + R_f}{R_1} v_{\text{in}} = \left(1 + \frac{R_f}{R_1}\right) v_{\text{in}}$$

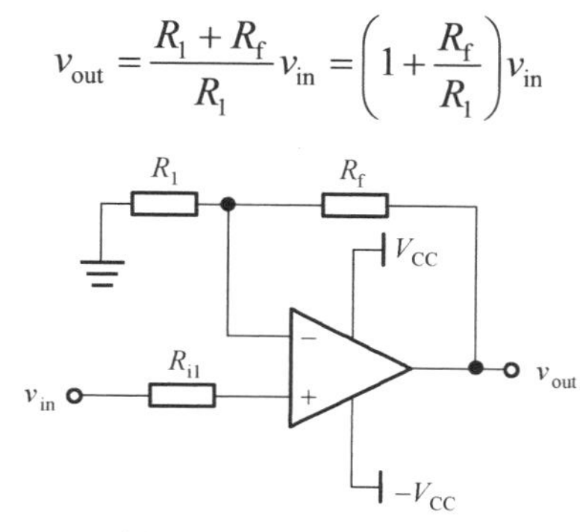

图 4.24　同相放大电路

为减小由输入失调引起的误差，在集成运算放大器的同相输入端接入一个阻值为 R_{i1} 的平衡电阻，平衡电阻的阻值应与接在反相输入端的直流等效电阻相等，即

$$R_{i1} = R_1 // R_f$$

参考如图 4.24 所示的电路，用实验室所提供的集成运算放大器（如 μA741、LM358、LM324 等）设计一个同相放大电路，画出电路原理图。

根据实验室条件及输入阻抗和电压放大倍数的设计要求，选用合适的器件并搭接实验电路，计算平衡电阻的阻值，在电路原理图上标注出最终所选用的器件的参数值。

检查实验电路，接通直流稳压电源，观察直流稳压电源的供电电流是否超过了集成运算放大器的最大静态工作电流；测试集成运算放大器各引脚的直流工作电压是否满足设计要求，即确定芯片电源引脚上的电压与供电电压是否一致；测试反相输入端的静态工作电压与接入的直流参考电压是否一致，即是否满足“虚断”条件；测试同相输入端的静态工作电压与反相输入端的静态工作电压是否一致，即是否满足“虚短”条件。

只要发现以上测试结果有一个不满足设计要求，就必须重新检查电路，定位错误的所在位置，纠正错误后重新进行测试。

当确定以上测试结果都满足设计要求时，方可继续实验。

将函数发生器的输出信号波形设置成正弦波信号，并将频率为 1kHz 的小信号（幅度的有效值最好大于 10mV，否则信号会叠加较大的噪声）加在同相放大电路的输入端。用示波器观测输入信号的波形是否正常，同时用示波器的其他通道观测同相放大电路的输出端是否有与输入信号同频率且同相放大的不失真信号输出。

若观测到输出信号发生了饱和失真，则需要将输入信号适当调小或降低电压放大倍数；若观测到的输出信号幅值较小、相对噪声较大，则需要将输入信号适当调大或提高电压放大倍数；若没有观测到按理论计算结果放大的输出信号，则需要检查所选用的电阻的阻值是否满足要求，或者重新检测电路的静态工作点是否正常。

当在输出端可以观测到与输入信号同频率且同相放大的不失真输出信号时，设计实验数据记录表格，测试并记录实验数据，画出输入、输出信号波形，计算电压放大倍数，检验同相放大电路是否满足设计要求。

4.4.4　求差电路的设计与实现

用 Multisim 设计的求差电路如图 4.25 所示。两个输入信号必须同频率、同相位，图 4.25 所示电路选用的是直流电压信号，电压分别为 0.3V、0.5V。

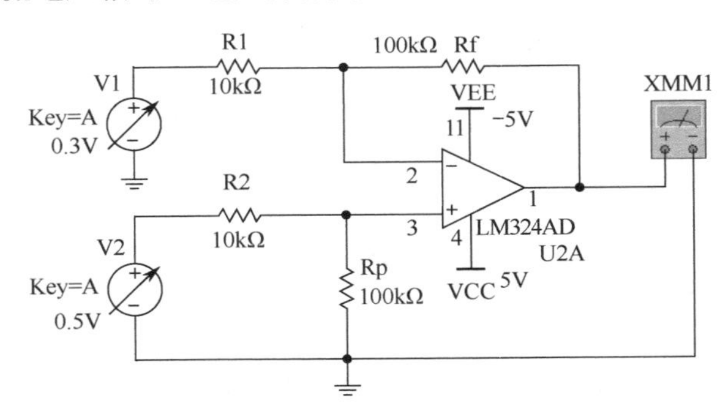

图 4.25　用 Multisim 设计的求差电路

单击“仿真”按钮，万用表 XMM1 的读数如图 4.26 所示，与理论计算结果相符。

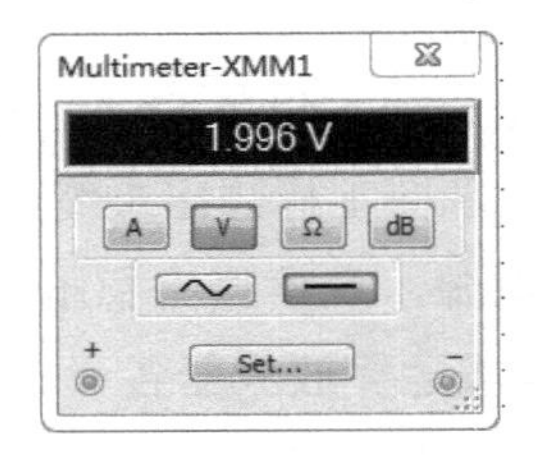

图 4.26　万用表 XMM1 的读数

将同相放大电路和反相放大电路组合在一起，构成如图 4.27（a）所示的求差电路，一般选择 $R_1 = R_2 = R_a$，$R_3 = R_4 = R_b$，如图 4.27（b）所示。

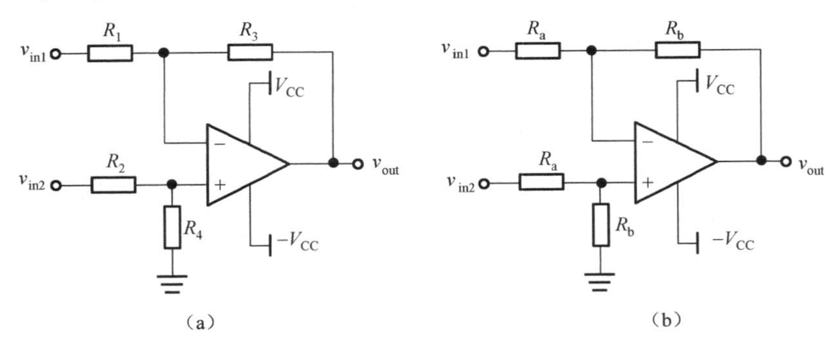

图 4.27　求差电路

求差电路的输出电压与输入电压之间满足

$$v_{out} = \frac{R_b}{R_a}(v_{in2} - v_{in1})$$

根据如图 4.27（b）所示的电路，用实验室所提供的集成运算放大器（如 μA741、LM358、LM324 等）设计一个求差电路，画出电路原理图。根据实验室条件及输入阻抗和电压放大倍数的设计要求，选用合适的器件并搭接实验电路，在电路原理图上标注出最终所选用的器件的参数值。

检查实验电路，接通直流稳压电源，观察直流稳压电源的供电电流是否超过了集成运算放大器的最大静态工作电流；测试集成运算放大器各引脚的直流工作电压是否满足设计要求，即确定芯片电源引脚上的电压与供电电压是否一致；测试同相输入端的静态工作电压与接入的直流参考电压是否一致，即是否满足“虚断”条件；测试反相输入端的静态工作电压与同相输入端的静态工作电压是否一致，即是否满足“虚短”条件。

只要发现以上测试结果有一个不满足设计要求，就必须重新检查电路，定位错误的所在位置，纠正错误后重新进行测试。

当以上测试结果都满足设计要求后，给求差电路加入两个同频率、同初始相位的交流输入信号并用示波器观测，同时用示波器的其他通道在输出端观测输出信号。

当确定输出信号满足设计要求时，设计实验数据记录表格，画出输入、输出信号波形，测试并记录实验数据，验证求差电路是否满足设计要求。

4.4.5　积分运算电路的设计与实现

用 Multisim 设计的积分运算电路如图 4.28 所示。

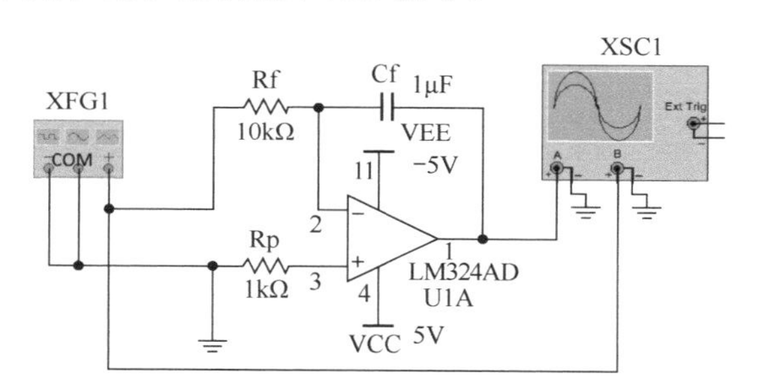

图 4.28　用 Multisim 设计的积分运算电路

将波形发生器 XFG1 的输出信号设置为频率为 100Hz 的方波信号，占空比为 50%，幅值为 4V，电压偏移为 0V，如图 4.29 所示。

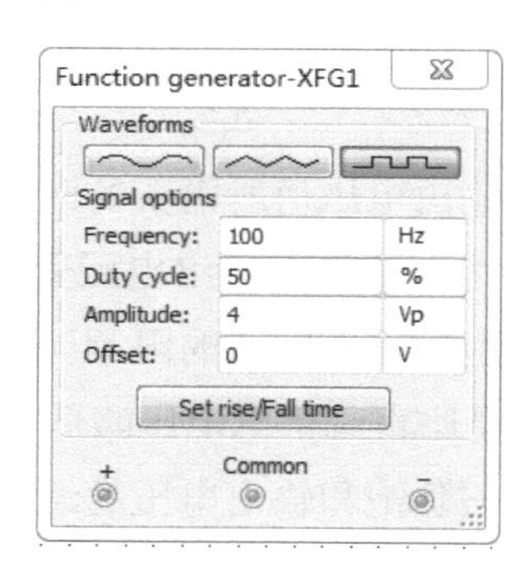

图 4.29　波形发生器 XFG1 的输出信号的设置

单击“仿真”按钮，通过示波器 XSC1 的 A、B 通道观测到的输入、输出信号波形如图 4.30 所示。

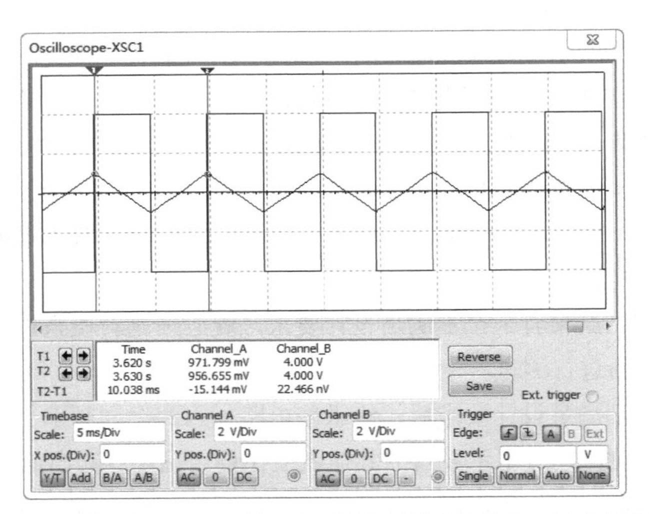

图 4.30 通过示波器 XSC1 的 A、B 通道观测到的输入、输出信号波形

在如图 4.31 所示的电路中，若电容两端的初始电压为零，则输出电压与输入电压之间应满足

$$v_{\text{out}} = -\frac{1}{R_1 C_{\text{f}}} \int v_{\text{in}} \mathrm{d}t$$

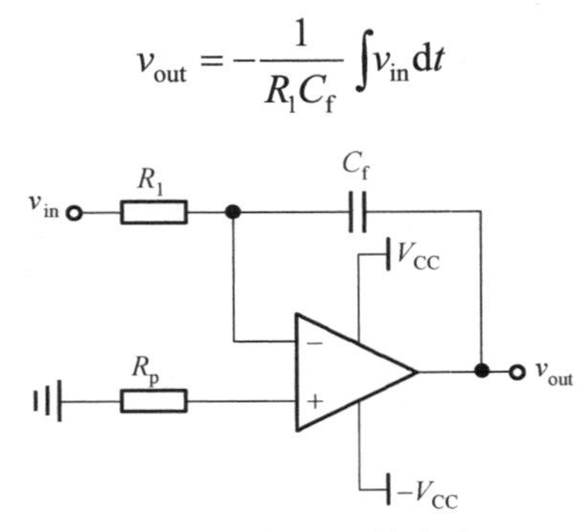

图 4.31 积分运算电路

当输入信号是阶跃电压信号时，电容将以恒流的方式进行充电，输出电压与时间之间是线性关系，即

$$v_{\text{out}} = -\frac{v_{\text{in}}}{R_1 C_{\text{f}}} t$$

积分时间常数越大，达到预定输出电压值所需要的时间就越长。

积分运算电路的输出电压所能达到的最大输出电压受集成运算放大器的允许输出最大电压的限制，即受集成运算放大器的饱和输出电压的限制（不能超过饱和输出电压）。

在通常情况下，饱和输出电压要比直流供电电压略低一些，并且在双电源供电的电路中，集成运算放大器的正饱和输出电压与负饱和输出电压的绝对值并不相等。

根据如图 4.31 所示的电路，用实验室所提供的集成运算放大器（如 μA741、LM358、LM324 等）设计一个积分运算电路，画出电路原理图。根据实验室条件选用合适的器件并搭接实验电路。

检查实验电路，接通直流稳压电源，观察直流稳压电源的供电电流是否超过了集成运算放大器的最大静态工作电流；测试集成运算放大器各引脚的直流工作电压是否满足设计要求，即确定芯片电源引脚上的电压与供电电压是否一致；测试同相输入端的静态工作电压与接入的直流参考电压是否一致，即是否满足“虚断”条件；测试反相输入端的静态工作电压与同相输入端的静态工作电压是否一致，即是否满足“虚短”条件。

只要发现以上测试结果有一个不满足设计要求，就必须重新检查电路，定位错误的所在位置，纠正错误后重新进行测试。

当以上测试结果都满足设计要求时，给积分运算电路加入一个低频（如 100Hz）的方波信号，用示波器的两个通道分别观测输入、输出信号波形的变化。

当发现输出信号波形的上升速度过快，在积分结束前就已经出现饱和失真时，应增大 *RC* 值，以降低其上升速度；当发现输出信号波形的变化较慢，在有效积分时间内输出电压增加的幅值过小时，应减小 *RC* 值；当观测到的输出信号波形不能按线性规律上升或下降时，应检测影响线性度的相关器件的参数值，并检查连接方式是否正确。

当在输出端可以观测到一个与输入信号同频率的三角波输出信号时，设计实验数据记录表格，测试并记录实验数据，画出输入、输出信号波形，验证积分运算电路是否满足设计要求。

4.4.6　微分运算电路的设计与实现

用 Multisim 设计的微分运算电路如图 4.32 所示。

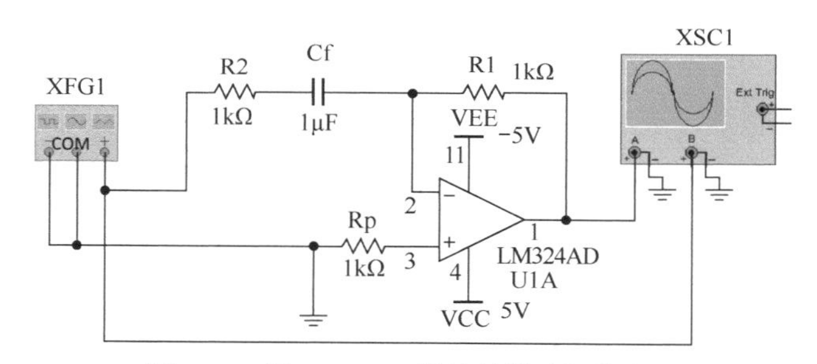

图 4.32　用 Multisim 设计的微分运算电路

将波形发生器 XFG1 的输出信号设置为频率为 100Hz 的方波信号，占空比为 50%，幅值为 2V，电压偏移为 0V，如图 4.33 所示。

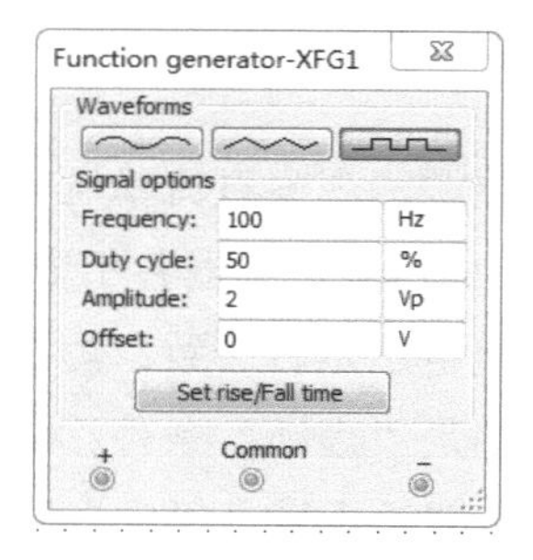

图 4.33　波形发生器 XFG1 的输出信号的设置

单击“仿真”按钮，通过示波器 XSC1 的 A、B 通道观测到的输入、输出信号波形如图 4.34 所示。

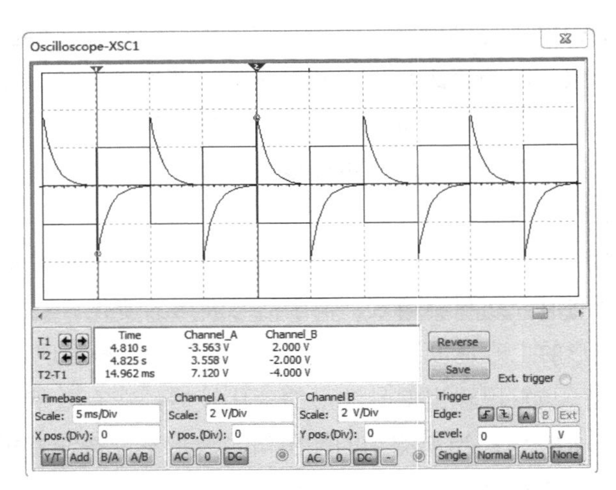

图 4.34　通过示波器 XSC1 的 A、B 通道观测到的输入、输出信号波形

在如图 4.35 所示的电路中，若电容两端的初始电压为零，则输出电压与输入电压之间应满足

$$v_{\text{out}} = -R_{\text{f}}C_1\frac{\mathrm{d}v_{\text{in}}}{\mathrm{d}t}$$

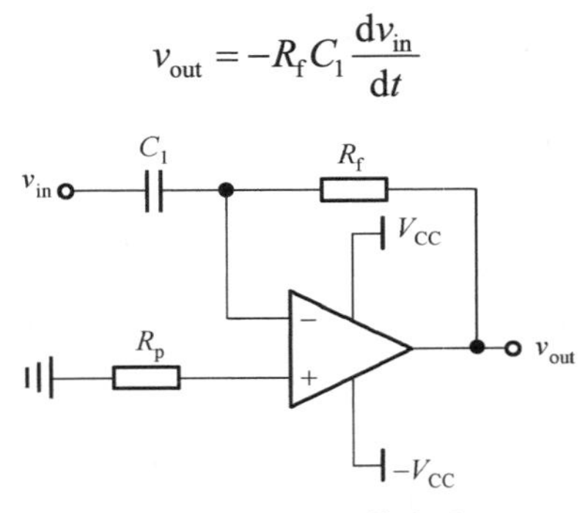

图 4.35　微分运算电路

若所选用的电阻和电容的 $R_\text{f}C_1$ 值合适，当输入信号为方波信号时，则在输出端可以得到一系列正/负脉冲信号。输出信号的脉冲宽度和幅值与输入信号的频率及 $R_\text{f}C_1$ 值有关。

参考如图 4.35 所示的电路，用实验室所提供的集成运算放大器（如 μA741、LM358、LM324 等）设计一个微分运算电路，画出电路原理图。根据实验室条件选用合适的器件并搭接实验电路。

检查实验电路，接通直流稳压电源，观察直流稳压电源的供电电流是否超过了集成运算放大器的最大静态工作电流；测试集成运算放大器各引脚的直流工作电压是否满足设计要求，即确定芯片电源引脚上的电压与供电电压是否一致；测试同相输入端的静态工作电压与接入的直流参考电压是否一致，即是否满足“虚断”条件；测试反相输入端的静态工作电压与同相输入端的静态工作电压是否一致，即是否满足“虚短”条件。

只要发现以上测试结果有一个不满足设计要求，就必须重新检查电路，定位错误的所在位置，纠正错误后重新进行测试。

当测试结果都满足设计要求时，给微分运算电路加入一个合适频率的方波输入信号，用示波器的两个通道同时观测输入、输出信号波形的变化。

当在输出端可以观测到一个与输入信号同步的脉冲序列时，设计实验数据记录表格，测试并记录实验数据，画出输入、输出信号波形，验证微分运算电路是否满足设计要求。

4.5 思　考　题

1. 怎样通过静态电压来判断集成运算放大器是否工作在线性区？
2. 在集成运算放大器的线性应用电路中，平衡电阻的作用是什么？若不加平衡电阻，则对电路会产生哪些影响？应该如何计算平衡电阻的阻值？
3. 在用集成运算放大器做负反馈放大实验时，如果电路连接错误，即没有接入负反馈电阻，其他器件都正确接入，那么会出现什么现象？如果不小心将负反馈电阻接在了同相输入端和输出端之间，那么会出现什么现象？
4. 在用集成运算放大器做反相加法电路实验时，如果输入的两路信号都是交流信号，那么在输出端测得的信号波形通常不能验证反相加法电路是否正常工作，为什么？如何才能通过实验的方法来验证反相加法电路工作正常？
5. 在用集成运算放大器做积分运算实验时，当所选用器件的 RC 值偏小时，输出信号波形比较容易发生饱和失真。从理论上分析，饱和失真波形应该是一条电压值接近于电源电压的平直线，但在实验中会发现，在输入电压变相的瞬间，会出现一个高于电源电压的脉冲信号，请分析产生该脉冲信号的原因。
6. 在用集成运算放大器做积分运算实验时，为便于观察积分运算过程，实验要求用方波信号作为输入信号。在用示波器观测输入、输出信号波形时，输入信号波形有时会出现上边和下边不平直的现象，输出的三角波有时也会存在较大的直流偏移量，请分析出现这些问题的原因，并找出解决问题的方法。

第 5 章　波形的产生与变换电路

波形的产生与变换电路主要有两类：正弦波产生电路和非正弦波产生电路。

5.1　波形的产生与变换电路设计基础

波形的产生与变换电路包括正弦波产生电路、三角波产生电路、方波产生电路等。

5.1.1　振荡电路起振后的平衡条件

RC 桥式正弦波振荡电路是一个没有输入信号、带 RC 串并联选频网络的正弦波产生电路，是用来产生正弦波输出波形最常用的电路之一。

为保证 RC 桥式正弦波振荡电路在没有外接输入信号的条件下能够自动起振并产生稳定的正弦波输出波形，电路必须满足一定的起振条件、振幅平衡条件和相位平衡条件。

正反馈振荡电路实现方案框图如图 5.1（a）所示，当外接输入信号 $\dot{X}_{in}=0$ 时，图 5.1（a）可以用图 5.1（b）表示，因没有输入信号，1、2 两点相当于连在一起，故 $\dot{X}_a=\dot{X}_f$，电路构成一个闭环回路。

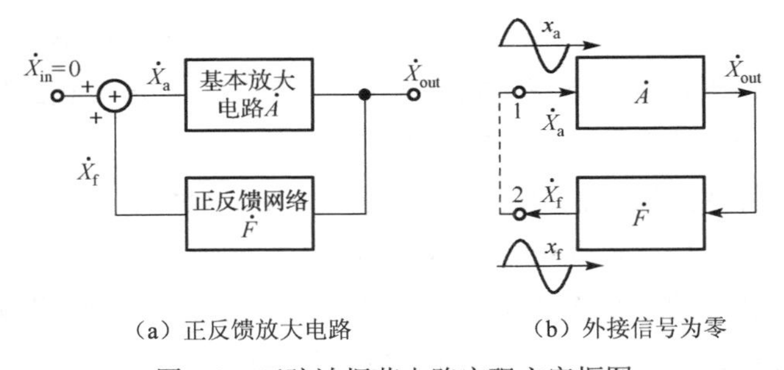

（a）正反馈放大电路　　（b）外接信号为零

图 5.1　正弦波振荡电路实现方案框图

因为 $\dot{X}_a=\dot{X}_f$，即 $\dot{X}_a$ 与 $\dot{X}_f$ 大小相等、相位相同，所以

$$\frac{\dot{X}_f}{\dot{X}_a}=\frac{\dot{X}_{out}}{\dot{X}_a}\frac{\dot{X}_f}{\dot{X}_{out}}=\dot{A}\dot{F}=1$$

由上式可以推出

$$\left|\dot{A}\dot{F}\right|=AF=1$$

$$\phi_a+\phi_f=2n\pi\text{，}n=0,1,2,\cdots$$

以上两式是正弦波振荡电路起振后的振幅平衡条件和相位平衡条件，是正弦波振荡电路产生持续振荡的两个基本条件。

5.1.2　RC 桥式正弦波振荡电路起振后的平衡条件

RC 桥式正弦波振荡电路如图 5.2 所示。从结构上来看，该电路是一个没有输入信号、带 RC 串并联选频网络的闭环放大电路。

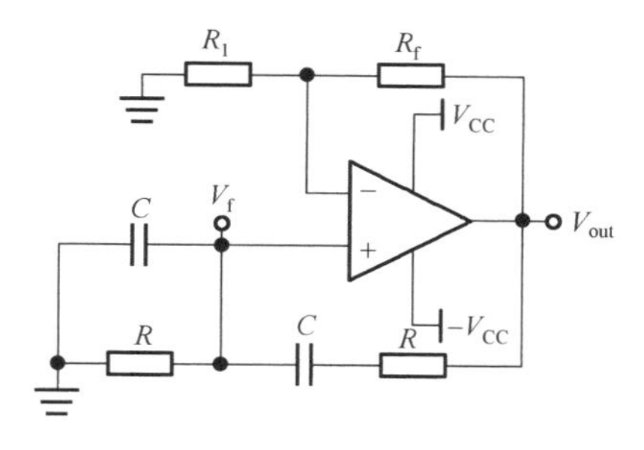

图 5.2　RC 桥式正弦波振荡电路

在图 5.2 中，集成运算放大器的输出端、同相输入端和参考地之间接有一个 RC 串并联选频网络，该选频网络的正反馈系数为

$$\dot{F}_v=\frac{V_f}{V_{out}}=\frac{Z_2}{Z_1+Z_2}=\frac{j\omega RC}{(1-\omega^2R^2C^2)+3j\omega RC}=\frac{1}{3+j\left(\omega RC-\dfrac{1}{\omega RC}\right)}$$

式中，串联阻抗为

$$\dot{Z}_1=R+\frac{1}{j\omega C}$$

并联阻抗为

$$\dot{Z}_2=R//\frac{1}{j\omega C}=\frac{R}{1+j\omega RC}$$

令 $\omega_0=\dfrac{1}{RC}$，则该选频网络的正反馈系数可以简化为

$$\dot{F}_v=\frac{1}{3+j\left(\dfrac{\omega}{\omega_0}-\dfrac{\omega_0}{\omega}\right)}$$

故该选频网络的幅频响应为

$$|F_v|=\frac{1}{\sqrt{3^2+\left(\dfrac{\omega}{\omega_0}-\dfrac{\omega_0}{\omega}\right)^2}}$$

当 $\omega=\omega_0$ 时，幅频响应达到最大振幅，即 $|F_{v\max}|=\dfrac{1}{3}$。

该选频网络的相频响应为

$$\phi_f=-\arctan\frac{\dfrac{\omega}{\omega_0}-\dfrac{\omega_0}{\omega}}{3}$$

当 $\omega=\omega_0$ 时，相频响应 $\phi_\mathrm{f}=-\arctan 0=0$，即当 $\omega=\omega_0=\dfrac{1}{RC}$ 时，$|F_{\mathrm{v\,max}}|=\dfrac{1}{3}$（达到最大），$\phi_\mathrm{f}=0$。

根据 5.1.1 节介绍的正弦波振荡电路产生持续振荡的基本条件，即振幅平衡条件 $|\dot{A}\dot{F}|=AF=1$ 和相位平衡条件 $\phi_\mathrm{a}+\phi_\mathrm{f}=2n\pi$（$n=0,1,2,\cdots$），为保证如图 5.2 所示的电路能够持续稳定振荡，当 $\omega=\omega_0=\dfrac{1}{RC}$ 时，应满足

$$|\dot{A}_\mathrm{v}\dot{F}_\mathrm{v}|=|A_\mathrm{v}||F_{\mathrm{v\,max}}|=\left|1+\frac{R_\mathrm{f}}{R_1}\right|\left|\frac{1}{3}\right|=1$$

$$1+\frac{R_\mathrm{f}}{R_1}=3$$

$$R_\mathrm{f}=2R_1$$

$$\phi_\mathrm{a}+\phi_\mathrm{f}=2n\pi\text{，}n=0,1,2,\cdots$$

振荡频率为

$$f_0=\frac{1}{2\pi RC}$$

5.1.3 RC 桥式正弦波振荡电路的建立与稳定

若要保证如图 5.2 所示的 RC 桥式正弦波振荡电路能够输出持续稳定的振荡波形，首先必须满足起振条件。

RC 桥式正弦波振荡电路的起振条件是闭环电压放大倍数大于 1，即

$$|\dot{A}\dot{F}|>1\text{，}|\dot{A}|>3$$

为了保证 RC 桥式正弦波振荡电路起振后的输出波形不发生饱和失真，还必须保证当信号被放大到一定幅值时，RC 桥式正弦波振荡电路的电压放大倍数能够自动减小，以满足 RC 桥式正弦波振荡电路起振后的振幅平衡条件和相位平衡条件，即

$$|\dot{A}_\mathrm{v}\dot{F}_\mathrm{v}|=1\text{，}|\dot{A}_\mathrm{v}|=3$$

从而，RC 桥式正弦波振荡电路可以输出持续稳定的振荡波形。

为使如图 5.2 所示的 RC 桥式正弦波振荡电路能够自动起振，并且起振后的电压放大倍数能够自动减小，满足 RC 桥式正弦波振荡电路起振后的振幅平衡条件和相位平衡条件，且输出波形稳定在一定的幅值并长期保持不变，需要将如图 5.2 所示的电路改成如图 5.3 所示的电路。

如图 5.3 所示的电路为一个没有输入信号、带 RC 串并联选频网络的能自动起振的 RC 桥式正弦波振荡电路。在接通直流稳压电源的瞬间，RC 串并联选频网络将电路中的同频噪声加到同相输入端并进行放大。开始时同频噪声的幅值很小，经同相放大后输出信号的幅值也很小，不足以使负反馈支路上的两个二极管 $\mathrm{VD_1}$、$\mathrm{VD_2}$ 导通，两个二极管都表现为大电阻。

阻值为 R_4 的电阻与两个二极管 $\mathrm{VD_1}$、$\mathrm{VD_2}$ 并联，与处于截止状态的两个并联的二极管相

比，阻值为 R_4 的电阻在负反馈支路上起主要作用，与阻值为 R_w 的负反馈电位器串联在一起，构成负反馈电阻，对 RC 串并联选频网络选出的谐振频率信号进行放大。

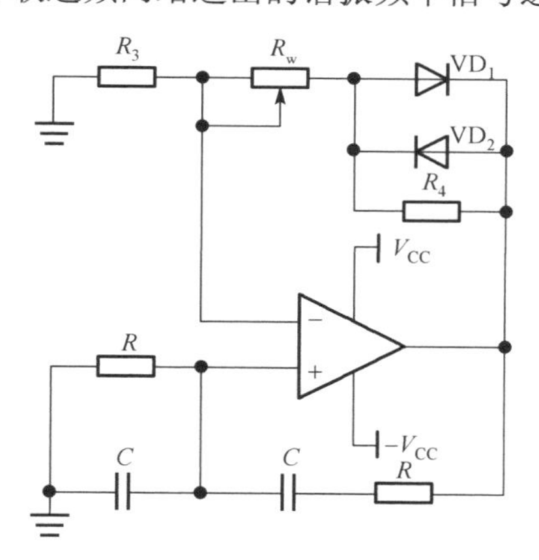

图 5.3　能自动起振的 RC 桥式正弦波振荡电路

当 RC 桥式正弦波振荡电路将 RC 串并联选频网络选出的谐振频率信号放大到一定幅值时，两个二极管在输出信号的正半周或负半周分时导通，导通的二极管表现为一个阻值可变的小电阻，当两个二极管 VD_1、VD_2 与阻值为 R_4 的电阻并联使用时，起主要作用的是二极管的导通电阻 r_D。

二极管 VD_1、VD_2 在正向导通时电阻很小，从而导致图 5.3 中总的负反馈电阻值变小，电压放大倍数自动降低，满足 RC 桥式正弦波振荡电路起振后的振幅平衡条件和相位平衡条件，最后使输出波形稳定在一定的幅值并长期保持不变。利用二极管的单向导电性和导通电阻的非线性特性实现了稳幅。

由上面的分析可知，为保证 RC 桥式正弦波振荡电路起振后的输出信号不发生饱和失真，应在负反馈支路上加非线性器件，以保证在接通电源的瞬间，负反馈电阻值足够大，其可以使同相输入端的微弱信号放大；当信号被放大到一定幅值后，负反馈支路上的等效电阻的阻值会自动减小，交流电压放大倍数自动减小，最后达到平衡状态，满足 RC 桥式正弦波振荡电路起振后的振幅平衡条件和相位平衡条件，使输出信号稳定在一定的幅值并保持不变。

在如图 5.3 所示的电路中，正反馈支路上的 RC 串并联选频网络会自动将与其谐振频率一致的电路噪声加到同相输入端并进行放大，因此 RC 串并联选频网络的谐振频率决定了 RC 桥式正弦波振荡电路的振荡频率，振荡频率为

$$f = \frac{1}{2\pi RC}$$

在设计实验电路时，应先根据设计要求确定振荡频率，然后计算 RC 值。

为保证 RC 串并联选频网络的频率特性受集成运算放大器的输入阻抗 R_{in} 和输出阻抗 R_{out} 的影响较小，选频网络的电阻 R 应满足 $R_{in} \gg R \gg R_{out}$。因此，应先确定电阻的数量级，同时，考虑电容的标称值较少，在确定电阻值之前还应确定电容值。电容应根据标称值列表选取，

并且应选用稳定性相对较好、精度较高的电容。

为减小输入失调对 RC 桥式正弦波振荡电路的影响，R 应根据电路的静态平衡条件来计算得到，即 $R=R_3//2R_3$。

在如图 5.3 所示的电路中，根据前面介绍的振荡电路起振的基本条件，即

$$\left|\dot{A}_{\mathrm{v}}\dot{F}_{\mathrm{v}}\right|>1$$

得 $1+\dfrac{R_{\mathrm{f}}}{R_3}>3$。

负反馈电阻（阻值为 R_{f}）由负反馈电位器（阻值为 R_{w}）与 3 个器件（阻值为 R_4 的电阻和两个二极管 VD_1、VD_2）并联构成，当二极管处于导通状态时，总的负反馈电阻的阻值为

$$R_{\mathrm{f}}=R_{\mathrm{w}}+(R_4//r_{\mathrm{D}})$$

由前面的分析可知，当电路稳定振荡时，二极管导通，其导通后的动态电阻很小，计算时可以将其忽略。电位器的标称值 R_{w} 应大于电阻的标称值 R_3 的两倍，以保证负反馈电位器可以改变负反馈深度，满足 RC 桥式正弦波振荡电路的起振条件，保证闭环回路能够起振。

在如图 5.3 所示的电路中，两个互为反向且并联在一起的二极管 VD_1、VD_2 和阻值为 R_4 的电阻一起组成起振电路和稳幅电路。当输入小信号时，两个二极管都截止，负反馈深度较大，满足起振条件；当输入大信号时，两个二极管在输出信号的正半周或负半周分时导通，导通电阻很小，并且随着信号幅值的增大，其导通电阻会变小，从而使 RC 桥式正弦波振荡电路总的负反馈电阻减小，负反馈深度降低，使振荡信号稳定下来并保持不变。为保证输出波形幅值的对称性，选用的两个二极管 VD_1、VD_2 的特性应完全相同、频率特性符合设计要求。

和两个二极管 VD_1、VD_2 并联的阻值为 R_4 的电阻有改善输出波形的作用，该电阻的阻值不宜过大，也不宜过小。因为与两个二极管 VD_1、VD_2 并联时的导通电阻相比，如果电阻的阻值 R_4 过小，会破坏起振条件，从而导致 RC 桥式正弦波振荡电路不容易起振。与负反馈电位器的有效阻值 R_{w} 相比，如果电阻的阻值 R_4 过大，那么当波形在零点附近变化时，不能满足二极管的导通条件，两个二极管都截止，大的 R_4 会使波形在零点附近变化较快，使输出波形在零点附近失真，容易导致输出波形整体失真。

在选用集成运算放大器时，理论设计要求其单位增益带宽应大于振荡频率的 3 倍，工程设计要求其应有足够的指标余量，最好大于振荡频率的 6 倍，并且考虑二极管的导通电阻会随振荡信号的频率和幅值发生变化，所以当振荡频率较高时，应考虑集成运算放大器的单位增益带宽和二极管的频率特性是否满足电路的设计要求。

5.1.4 单门限电压比较器

电压比较器属于集成运算放大器的非线性应用，其工作原理是在不加负反馈电路的条件

下，将同相输入端的电压信号与反相输入端的电压信号进行比较，理想的集成运算放大器的差模开环电压增益很大，当两个输入端的电压信号有微小差异时，输出端会有饱和电压输出，并且只要两个输入端的比较结果发生变化，集成运算放大器的输出电压就将从一种饱和状态跳变到另外一种饱和状态。

在如图 5.4 所示的电路中，因为理想集成运算放大器的差模开环电压增益很大，即 $A_{vo}\to\infty$，所以只要两个输入端的电压信号不等，输入信号的差值就会被无限放大。

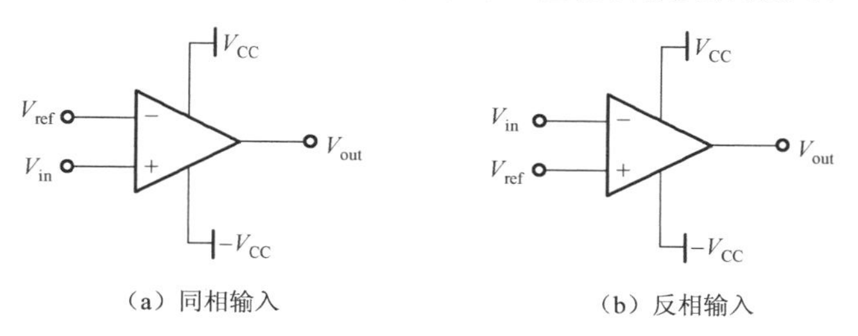

图 5.4　单门限电压比较器

单门限电压比较器有两种接法：一种是输入信号接同相输入端，参考电压接反相输入端，如图 5.4（a）所示，采用这种接法的单门限电压比较器称为同相输入单门限电压比较器；另一种是输入信号接反相输入端，参考电压接同相输入端，如图 5.4（b）所示，采用这种接法的单门限电压比较器称为反相输入单门限电压比较器。

不论采用哪种接法，对于单门限电压比较器，如果同相输入端的电压信号大于反相输入端的电压信号，那么差模输入信号都大于零，经开环放大后的输出电压为集成运算放大器的高饱和输出电压 V_{OH}。同理，如果反相输入端的电压信号大于同相输入端的电压信号，那么差模输入信号小于零，经开环放大后的输出电压为集成运算放大器的低饱和输出电压 V_{OL}。

当参考电压为零时，单门限电压比较器称为过零电压比较器，如图 5.5 所示。

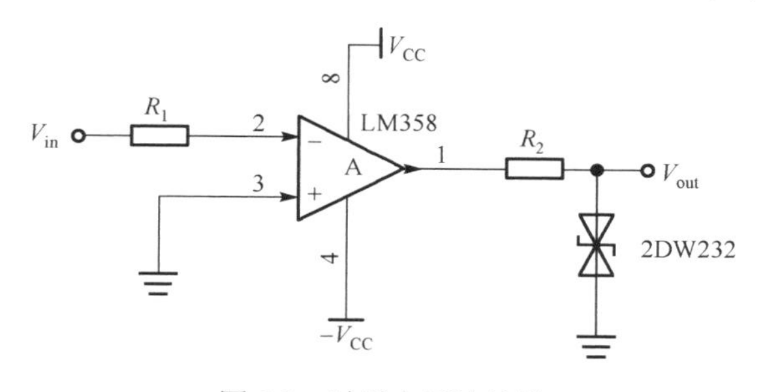

图 5.5　过零电压比较器

过零电压比较器的输出电压被双向稳压二极管 2DW232 钳位在两个固定的电压值上。当输入电压 V_{in} 小于参考电压，即 $V_{in}<0$ 时，输出电压为集成运算放大器的高饱和输出电压 V_{OH}。在输出端，双向稳压二极管 2DW232 中的一个稳压二极管反向稳压，另一个稳压二极管正向导通，输出电压等于一个稳压二极管的反向稳压值 V_Z 与另一个稳压二极管的正向导通压降 V_D 之和，即

$$V_{out}=V_Z+V_D$$

当输入电压 V_{in} 大于参考电压，即 $V_{in}>0$ 时，输出电压为集成运算放大器的低饱和输出电压 V_{OL}。在输出端，双向稳压二极管 2DW232 中的一个稳压二极管正向导通，另一个稳压二极管反向稳压，输出电压为

$$V_{out} = -(V_Z + V_D)$$

在如图 5.5 所示的电路中，为保证双向稳压二极管 2DW232 正常工作，集成运算放大器的饱和输出电压必须略高于双向稳压二极管 2DW232 的标称稳压值，即供电电压必须高于双向稳压二极管 2DW232 的标称稳压值。

单门限电压比较器的电路结构简单，当输入信号和参考电压比较接近，且输入信号总在参考电压附近频繁变化时，输出电压会在高饱和输出电压 V_{OH} 与低饱和输出电压 V_{OL} 之间不停地跳变。如果用这种不稳定的跳变信号来控制电机等执行部件，那么很容易造成电路失控，因此在某些应用场合，单门限电压比较器没有实际的应用价值。

为了提高电路的抗干扰能力，可以采用后面将要介绍的迟滞电压比较器来设计监控电路。

5.1.5 迟滞电压比较器

迟滞电压比较器也称为施密特触发器（Schmitt Trigger）或滞回比较器。

迟滞电压比较器在单门限电压比较器的基础上引入了正反馈电路，其门限电压受两种不同输出状态的控制，构成了具有双门限的电压比较器，如图 5.6 所示。

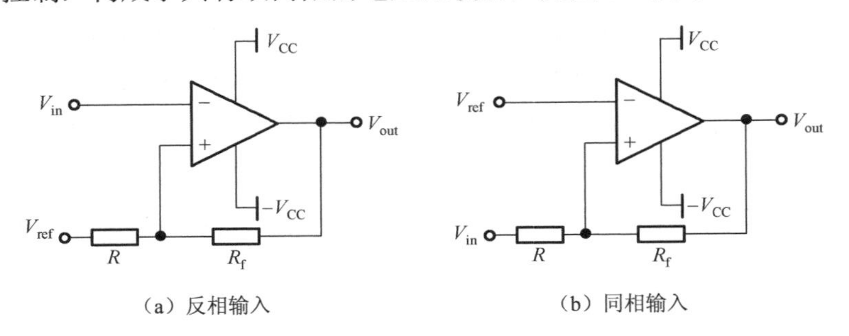

图 5.6 迟滞电压比较器

在如图 5.6 所示的电路中，集成运算放大器有两种饱和状态的输出电压：高饱和输出电压 V_{OH} 与低饱和输出电压 V_{OL}。由于有正反馈电路，因此输出电压的变化会通过正反馈电阻（阻值为 R_f）反过来影响同相输入端的电压 V_+。

在如图 5.6（a）所示的电路中，参考电压 V_{ref} 通过阻值为 R 的电阻加到同相输入端，阻值为 R_f 的正反馈电阻接在同相输入端和输出端之间。当输出电压发生跳变时，同相输入端的电压 V_+ 也随之发生跳变，发生跳变时的高门限电压 V_H 和低门限电压 V_L 分别为

$$V_H = V_+ = V_{ref} + V_R = V_{ref} + \frac{V_{OH} - V_{ref}}{R_f + R} R = \frac{R_f}{R + R_f} V_{ref} + \frac{R}{R + R_f} V_{OH}$$

$$V_L = V_+ = V_{ref} + V_R = V_{ref} + \frac{V_{OL} - V_{ref}}{R_f + R} R = \frac{R_f}{R + R_f} V_{ref} + \frac{R}{R + R_f} V_{OL}$$

由以上两式可知，当输出电压为高饱和输出电压 V_{OH} 时，门限电压是由高饱和输出电压 V_{OH} 决定的上门限电压 V_H，此时反相输入端的电压 V_{in} 低于上门限电压 V_H。

当输入电压由低向高变化时，只要输入电压高于上门限电压 V_H，输出电压就从高饱和输出电压 V_{OH} 跳变为低饱和输出电压 V_{OL}，此时门限电压也从由高饱和输出电压 V_{OH} 决定的上门限电压 V_H 跳变为由低饱和输出电压 V_{OL} 决定的下门限电压 V_L。

同理，当反相输入端的电压 V_{in} 高于下门限电压 V_L 时，输出电压为低饱和输出电压 V_{OL}。当输入电压由高向低变化时，只要输入电压低于下门限电压 V_L，输出电压就从低饱和输出电压 V_{OL} 跳变为高饱和输出电压 V_{OH}，此时门限电压也从由低饱和输出电压 V_{OL} 决定的下门限电压 V_L 跳变为由高饱和输出电压 V_{OH} 决定的上门限电压 V_H。

由以上的分析可知，输出电压的跳变是由两个不同的门限电压监控的。上门限电压 V_H 监控输入电压 V_{in} 由低向高的变化过程，当输入电压 V_{in} 高于上门限电压 V_H 时，输出电压跳变为低饱和输出电压 V_{OL}，上门限电压 V_H 随着输出电压的跳变也跳变为下门限电压 V_L；下门限电压 V_L 监控输入电压 V_{in} 由高向低的变化过程，当输入电压 V_{in} 低于下门限电压 V_L 时，输出电压跳变为高饱和输出电压 V_{OH}，下门限电压 V_L 随着输出电压的跳变也跳变为上门限电压 V_H。反相输入迟滞电压比较器的电压传输特性如图 5.7 所示。

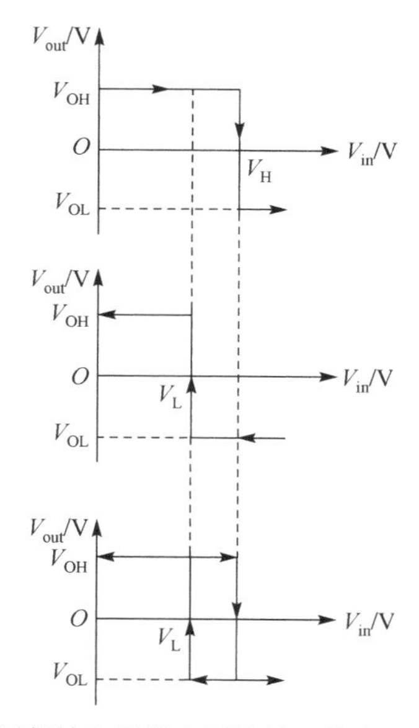

图 5.7　反相输入迟滞电压比较器的电压传输特性

在如图 5.6（b）所示的电路中，由于接入了正反馈电阻，在比较同相输入端和反相输入端的电压时，会受到输出电压的影响。

定义发生跳变时的两个输入电压分别为低输入门限电压 V_{IL} 和高输入门限电压 V_{IH}，这两个输入门限电压分别受高饱和输出电压 V_{OH} 与低饱和输出电压 V_{OL} 的控制。

当输出电压为高饱和输出电压 V_{OH} 时，在发生跳变的瞬间，同相输入端的电压与参考电

压相等，定义此时所对应的输入电压为低输入门限电压 V_{IL}，则

$$V_{ref} = V_+ = V_{IL} + \frac{V_{OH} - V_{IL}}{R + R_f} R = \frac{R_f V_{IL} + R V_{OH}}{R + R_f}$$

即

$$V_{IL} = \frac{(R + R_f)V_{ref} - R V_{OH}}{R_f} = \frac{R + R_f}{R_f} V_{ref} - \frac{R}{R_f} V_{OH}$$

当输出电压为低饱和输出电压 V_{OL} 时，在发生跳变的瞬间，同相输入端的电压与参考电压相等，定义此时所对应的输入电压为高输入门限电压 V_{IH}，则

$$V_{ref} = V_+ = V_{IH} + \frac{V_{OL} - V_{IH}}{R + R_f} R = \frac{R_f V_{IH} + R V_{OL}}{R + R_f}$$

即

$$V_{IH} = \frac{(R + R_f)V_{ref} - R V_{OL}}{R_f} = \frac{R + R_f}{R_f} V_{ref} - \frac{R}{R_f} V_{OL}$$

由前面的推导可知，当输入电压由高向低变化时，在发生跳变之前，集成运算放大器的输出电压是高饱和输出电压 V_{OH}，输入门限电压是由高饱和输出电压 V_{OH} 决定的低输入门限电压 V_{IL}。在发生跳变后，输出电压由高饱和输出电压 V_{OH} 跳变为低饱和输出电压 V_{OL}，受输出电压的影响，输入门限电压也由低输入门限电压 V_{IL} 跳变为高输入门限电压 V_{IH}。

当输入电压 V_{in} 由低向高变化时，在发生跳变之前，集成运算放大器的输出电压是低饱和输出电压 V_{OL}，输入门限电压是由低饱和输出电压 V_{OL} 决定的高输入门限电压 V_{IH}。在发生跳变后，输出电压由低饱和输出电压 V_{OL} 跳变为高饱和输出电压 V_{OH}，受输出电压的影响，输入门限电压也由高输入门限电压 V_{IH} 跳变为低输入门限电压 V_{IL}。

同相输入迟滞电压比较器的输入、输出信号波形如图 5.8 所示。

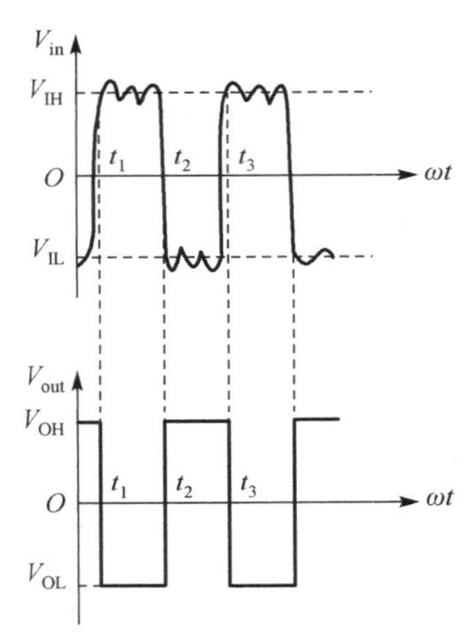

图 5.8 同相输入迟滞电压比较器的输入、输出信号波形

反相输入迟滞电压比较器的实验电路如图 5.9 所示。

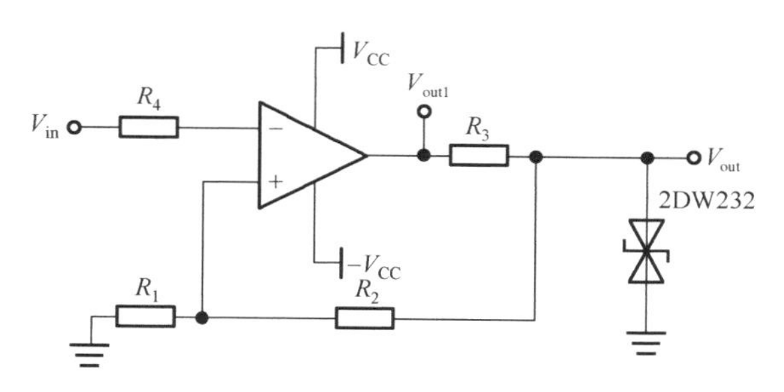

图 5.9　反相输入迟滞电压比较器的实验电路

在图 5.9 中，参考电压接地（等于 0），输出电压被双向稳压二极管 2DW232 钳位在两个固定的电压值（$\pm V_{DZ}$）上，发生跳变时的高门限电压 V_H 和低门限电压 V_L 分别为

$$V_H = \frac{R_1}{R_1 + R_2} V_{DZ}$$

$$V_L = -\frac{R_1}{R_1 + R_2} V_{DZ}$$

式中，V_{DZ} 是双向稳压二极管 2DW232 输出的稳压值。

为保证双向稳压二极管 2DW232 能够正常稳压，实验要求饱和输出电压必须高于双向稳压二极管 2DW232 的标称稳压值，并且限流电阻的阻值 R_3 不宜过大，否则会影响双向稳压二极管 2DW232 的稳压性能。

当输入电压 V_{in} 高于上门限电压 V_H 时，输出电压为低饱和输出电压 V_{OL}；当输入电压 V_{in} 低于下门限电压 V_L 时，输出电压为高饱和输出电压 V_{OH}；当输入电压在高门限电压和低门限电压之间变化时，输出电压不发生变化。

将两个门限电压的差值定义为回差，也称为门限差，用 V_{DIF} 表示。

如图 5.9 所示的电路的回差为

$$V_{DIF} = 2\frac{R_1}{R_1 + R_2} V_{DZ}$$

5.1.6　窗口电压比较器

窗口电压比较器可以用来判断输入电压的范围是否满足设计要求。

用两个电压比较器设计的窗口电压比较器如图 5.10 所示。

当输入电压在两个参考电压之间变化，即 $V_{ref-}<V_{in}<V_{ref+}$ 时，两个电压比较器都输出高电平，两个发光二极管都不亮。

当 $V_{in}<V_{ref-}$ 时，IC1A 输出低电平，发光二极管 LED1 亮；IC1B 输出高电平，发光二极管 LED2 不亮。

当 $V_{in}>V_{ref+}$ 时，IC1A 输出高电平，发光二极管 LED1 不亮；IC1B 输出低电平，发光二极管 LED2 亮。

通过两个不同颜色的发光二极管的亮、灭状态，可以判断当前输入电压的大致范围。

窗口电压比较器可以用于产品在生产中的筛选过程，判断产品参数是否在规定的范围内。

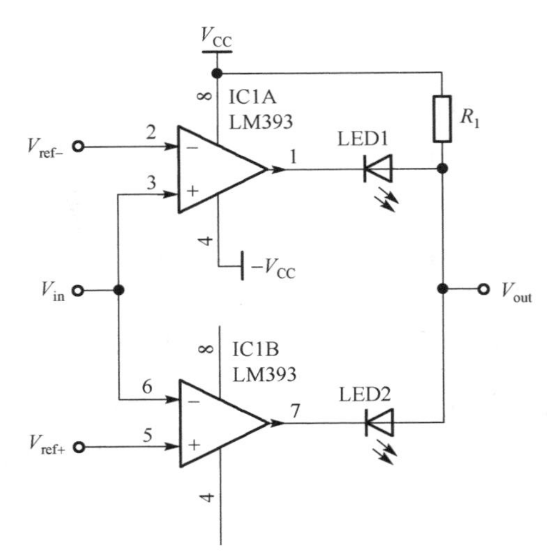

图 5.10　用两个电压比较器设计的窗口电压比较器

5.2　集成电压比较器

电压比较器可以将模拟信号转换成双值信号，即只有高电平、低电平两种输出状态的离散信号，因此电压比较器常用在模拟电路和数字电路的接口电路中。

在不加负反馈电路的条件下，可以将集成运算放大器设计成电压比较器，但在某些应用场合中，用集成运算放大器设计的电压比较器的性能不能满足设计要求，这就需要采用专门的集成电压比较器（如 LM393、LM339）来设计电路。

与用集成运算放大器设计的电压比较器相比，集成电压比较器有以下特点。

（1）在多数情况下，集成电压比较器采用集电极开路的方式输出，在使用时，其输出端必须接上拉电阻。多个集成电压比较器的输出端可以并联，构成与门。用集成运算放大器设计电压比较器，其输出端无须接上拉电阻，也不能并联。

（2）集成电压比较器工作在开环或正反馈条件下，不容易产生自激振荡，而用集成运算放大器设计的电压比较器工作在开环或正反馈条件下，容易产生自激振荡。

（3）集成电压比较器的电压转换速率相对较高，典型的响应时间为纳秒级，而用集成运算放大器设计的电压比较器的响应时间一般为微秒级。例如，某种集成运算放大器的电压转换速率为 0.7V/μs，当供电电压为±12V 时，其响应时间约为 30μs。

（4）集成电压比较器的输入失调电压高、共模抑制比低、灵敏度低。

（5）集成电压比较器的输出只有两种状态，即高电平或低电平，从电路结构上看处于开环状态，工作在非线性区。有时为了提高电压转换速率，也可以接入正反馈电路。

5.2.1　双电压比较器 LM393

LM393 是由两个完全独立的电压比较器构成的，可以用单电源供电，也可以用双电源供电。

LM393 的引脚封装如图 5.11 所示，其主要采用 8 个引脚的双列直插式封装和 SO-8 贴片式封装这两种封装形式，LM393 的外形如图 5.12 所示。

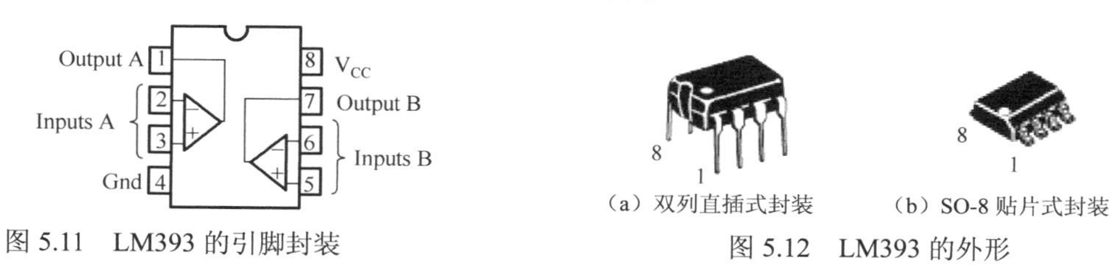

图 5.11　LM393 的引脚封装

图 5.12　LM393 的外形

LM393 的主要技术参数如表 5.1 所示。

表 5.1　LM393 的主要技术参数（V_{CC} = 5.0V）

技 术 参 数	符　号	参 数 值	单　位
最高供电电压	V_S	2～36 或±(1～18)	V
输入偏置电流（典型值）	I_{IB}	25	nA
输入失调电流（典型值）	I_{IO}	±5	nA
输入失调电压（最大值）	V_{IO}	±5	mV
最大功耗	P_D	570	mW
输出短路电流（典型值）	I_{OS}	20	mA
大信号响应时间（典型值）	t_{LSR}	300	ns
输出引脚吸收电流（典型值）	I_{sink}	16	mA

LM393 的实验电路如图 5.13 所示，在输出端接阻值为 R_3 的上拉电阻，和阻值为 R_3 的电阻串联的发光二极管 LED1 用来指示输出状态。

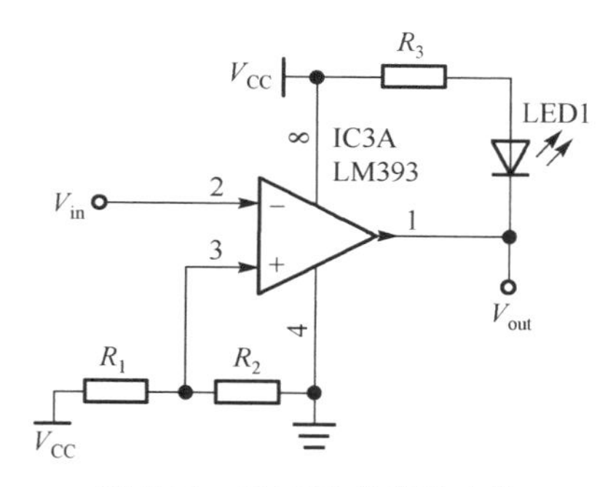

图 5.13　LM393 的实验电路

5.2.2　四电压比较器 LM339

LM339 是由 4 个完全独立的电压比较器构成的，可以用单电源供电，也可以用双电源供电。

LM339 的引脚封装如图 5.14 所示，其主要采用 14 个引脚的双列直插式封装和 SO-14 贴片式封装这两种封装形式，LM339 的外形如图 5.15 所示。

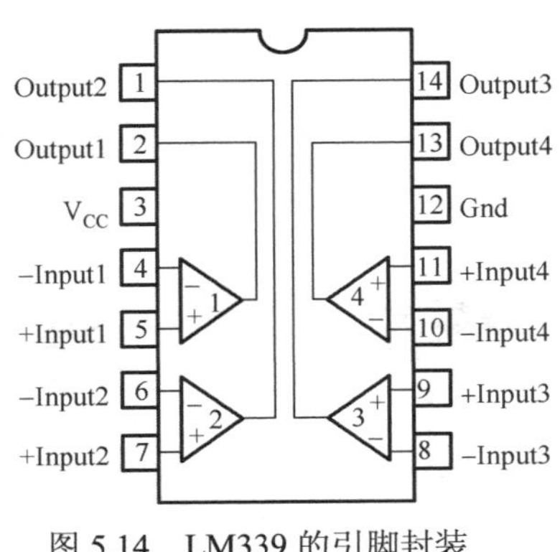

图 5.14　LM339 的引脚封装

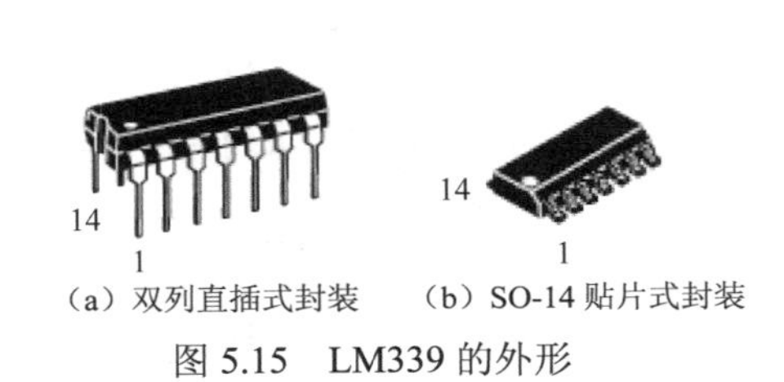

（a）双列直插式封装　（b）SO-14 贴片式封装

图 5.15　LM339 的外形

LM339 的主要技术参数如表 5.2 所示。

表 5.2　LM339 的主要技术参数（V_{CC} = 5.0V, T_A = 25°C）

技术参数	符　号	参数值	单　位
最高供电电压	V_S	36	V
输入偏置电流（典型值）	I_{IB}	25	nA
输入失调电流（典型值）	I_{IO}	±5	nA
输入失调电压（最大）	V_{IO}	±2	mV
最大功耗	P_D	1000	mW
大信号响应时间（典型值）	t_{LSR}	300	ns
输出引脚吸收电流（典型值）	I_{sink}	16	mA

5.3　实验电路的设计与测试

波形的产生与变换电路种类繁多、形式多样，本节只介绍 RC 桥式正弦波振荡电路、单门限电压比较器、迟滞电压比较器、窗口电压比较器等的设计与测试。

5.3.1　RC 桥式正弦波振荡电路的设计与测试

用 Multisim 设计的 RC 桥式正弦波振荡电路如图 5.16 所示，其中，由 R2、R3 和 C1、C2 构成的 RC 串并联选频网络接在同相输入端，构成正反馈电路；R1、Rw1 和 R4 及二极管 D1、D2 接在负反馈端，构成负反馈和稳幅电路。调节电位器 Rw1，可以调节负反馈深度，以满足振荡条件。

单击“仿真”按钮，用示波器 XSC1 的 A 通道观测到的输出信号波形如图 5.17 所示。注意观察，在仿真开始时，可以观测到起振过程。

参照图 5.17，用实验室所提供的集成运算放大器及相关器件设计一个 RC 桥式正弦波振荡电路，要求自己选取器件参数，自己设定振荡频率，画出电路原理图。

在设计电路时，应先确定振荡频率，再根据频率计算公式来确定 *RC* 值。由于电容的标称值相对较少，因此应先根据 *RC* 值和电容的标称值将电容值确定下来，再根据 *RC* 值计算电阻的标称值。

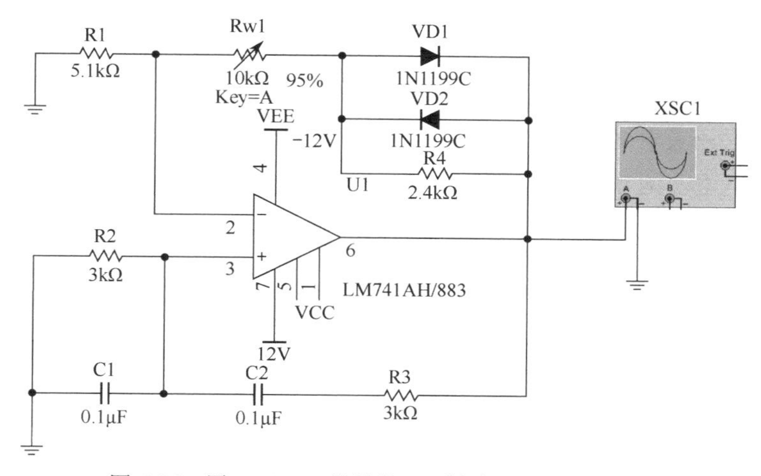

图 5.16　用 Multisim 设计的 RC 桥式正弦波振荡电路

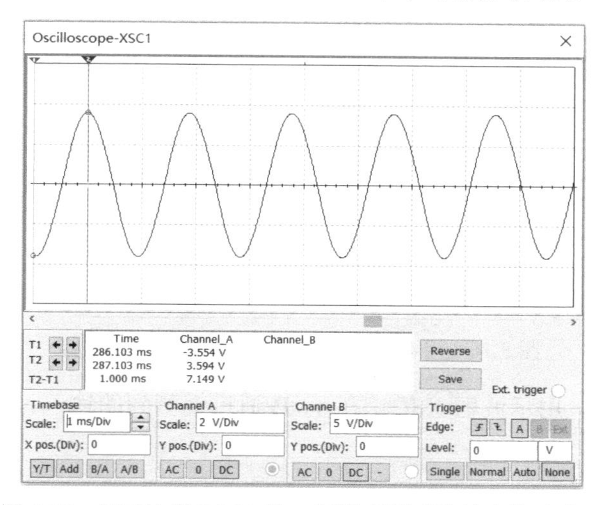

图 5.17　用示波器 XSC1 的 A 通道观测到的输出信号波形

尽量不要串联或并联使用电容或电阻，在实验时应根据器件的标称值来选取，若找不到合适的电容或电阻，则也可以根据实际器件的参数值重新调整频率。

接在反相输入端和参考地之间的电阻的阻值应根据静态平衡要求来计算得到。

实验要求用两个二极管和一个电阻来设计自动起振和稳幅电路。负反馈支路上的增益调节用电位器实现。

设计实验步骤和测试方法，用实验室所给定的器件搭接实验电路。

检查实验电路，接通直流稳压电源，用示波器观测输出信号波形。

在电路调试过程中，若发现电路不起振，则可以先将负反馈支路上的电阻的阻值调大，即将电位器的全部阻值都加在负反馈支路上，保证放大倍数大于 3，使电路能够起振。

若在增大负反馈电阻的阻值使满足起振条件后，在电路的输出端依旧观测不到输出信号波形，则说明电路搭接存在错误或器件参数值选择不当，需要重新检查电路，计算并确定器件的参数值。

在电路调试过程中，若发现输出信号波形起振过度，则说明电路搭接正确，只需要调小负反馈电阻的阻值，降低电压放大倍数，即可在输出端观测到不失真的正弦波振荡波形。

设计实验数据记录表格，画出起振波形、最大不失真稳定输出波形和过起振波形，记录最大不失真峰值电压、频率等参数。

在电路原理图上标注出最终所选用的器件的参数值。

5.3.2 单门限电压比较器的设计与测试

用 Multisim 设计的单门限电压比较器如图 5.18 所示。输入端接信号发生器 XFG1，加入的正弦波输入信号的幅值必须大于门限电压。

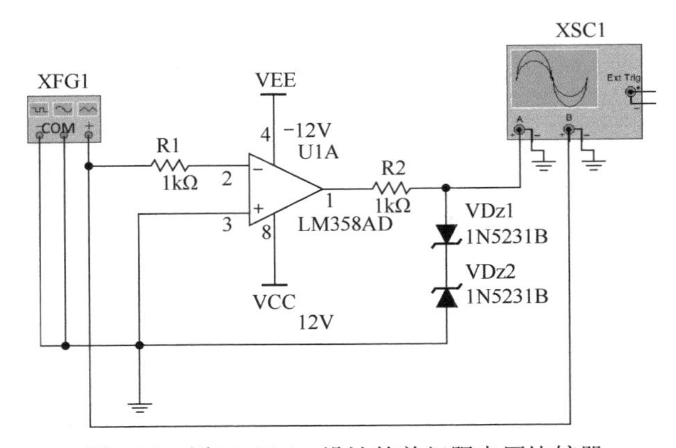

图 5.18 用 Multisim 设计的单门限电压比较器

单击“仿真”按钮，用示波器 XSC1 的 A、B 通道观测到的输入、输出信号波形如图 5.19 所示。

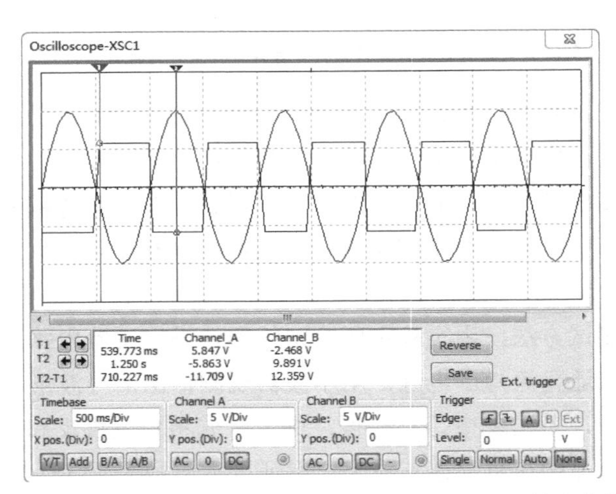

图 5.19 用示波器 XSC1 的 A、B 通道观测到的输入、输出信号波形

用实验室所提供的集成电压比较器和集成运算放大器分别设计一个单门限电压比较器，实验要求自己设定器件参数值和参考门限电压，画出电路原理图。

用实验室所提供的器件搭接实验电路。

检查实验电路，接通直流稳压电源，用示波器观测输入、输出信号波形。

设计实验步骤和测试方法，测试单门限电压比较器的电压转换速率。

设计实验数据记录表格，画出相关波形，记录实验数据。

在电路原理图上标注出最终所选用的器件的参数值。

比较单门限电压比较器和集成运算放大器有哪些异同点。

5.3.3　迟滞电压比较器的设计与测试

用 Multisim 设计的迟滞电压比较器如图 5.20 所示。输入端接信号发生器 XFG1，加入的正弦波输入信号的幅值必须大于门限电压。

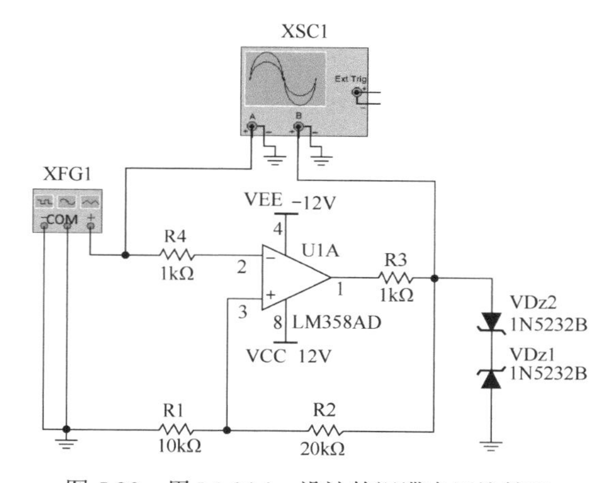

图 5.20　用 Multisim 设计的迟滞电压比较器

单击“仿真”按钮，用示波器 XSC1 的 A、B 通道观测到的输入、输出信号波形如图 5.21 所示。

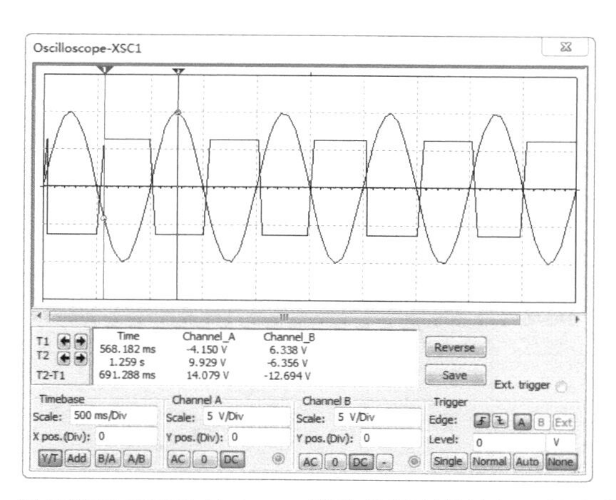

图 5.21　用示波器 XSC1 的 A、B 通道观测到的输入、输出信号波形

用集成运算放大器设计一个从反相输入端加被测信号的迟滞电压比较器，要求参考门限电压用给定的器件来设计并产生，输出电压可以稳定在指定的电压值上，画出电路原理图。

将设计完成的迟滞电压比较器与 5.3.1 节设计的 RC 桥式正弦波振荡电路级联，即将 RC 桥式正弦波振荡电路所产生的输出信号作为迟滞电压比较器的输入信号，画出电路原理图。

用实验室所提供的器件搭接实验电路。

检查实验电路，接通直流稳压电源，用示波器观测输入、输出信号波形。

设计实验步骤和测试方法，测试电压迟滞比较器的门限电压和输入、输出信号波形。

设计实验数据记录表格，记录实验数据，画出输入、输出信号波形。

在电路原理图上标注出最终所选用的器件的参数值。

5.3.4　窗口电压比较器的设计与测试

用 Multisim 设计的窗口电压比较器如图 5.22 所示。输入端接信号发生器 XFG2，加入的正弦波输入信号的幅值变化范围应超过两个窗口门限电压。

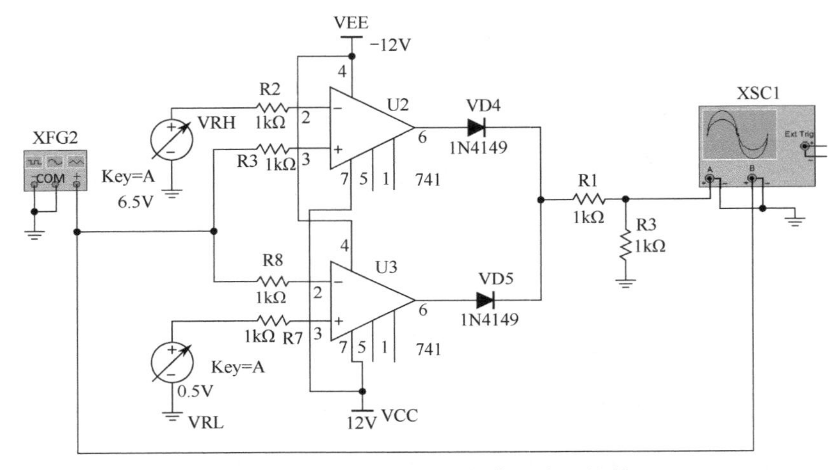

图 5.22　用 Multisim 设计的窗口电压比较器

单击“仿真”按钮，用示波器 XSC1 的 A、B 通道观测到的输入、输出信号波形如图 5.23 所示。

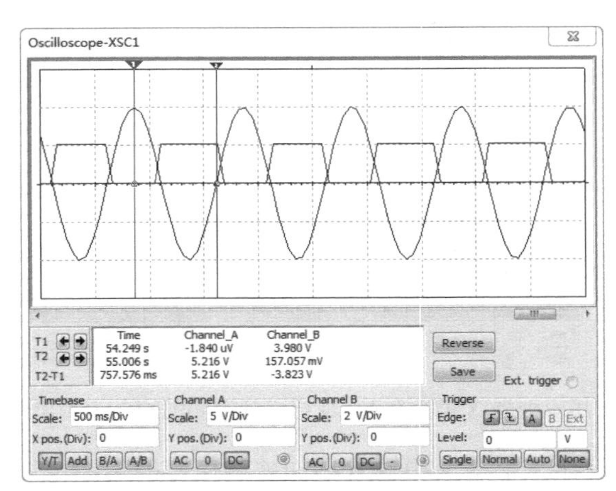

图 5.23　用示波器 XSC1 的 A、B 通道观测到的输入、输出信号波形

窗口电压比较器的特点是当输入信号单方向变化时，输出电压可跳变两次。

用集成电压比较器设计一个窗口电压比较器，要求自己设定窗口门限电压，根据标称值选取器件参数值，输出端用不同颜色的发光二极管来指示当前输入信号所处的窗口电压范围，画出电路原理图。

用实验室所提供的器件搭接实验电路。

检查实验电路，接通直流稳压电源。

设计实验步骤和测试方法，测试窗口电压比较器的窗口电压范围。

设计实验数据记录表格，记录不同范围内输入信号所对应的输出状态。

在电路原理图上标注出最终所选用的器件的参数值。

5.4 思 考 题

1. 在用集成运算放大器设计的 RC 桥式正弦波振荡电路中，应该如何使用 RC 串并联选频网络？其主要作用是什么？
2. 在用集成运算放大器设计的 RC 桥式正弦波振荡电路中，为什么要在负反馈支路中加两个互为反向的二极管？这两个二极管应该如何选取？
3. 在用集成运算放大器设计的 RC 桥式正弦波振荡电路中，与两个二极管并联的电阻应该如何选取？该电阻的阻值过大或过小会对电路产生哪些影响？
4. 在调试 RC 桥式正弦波振荡电路时，如果接通直流稳压电源后，在输出端观测不到振荡波形，即电路不起振，那么应该调节哪些参数？如何调节？如果振荡过度，即输出信号波形发生了饱和失真，那么应该调节哪些参数？如何调节？
5. 为什么迟滞电压比较器有两个门限电压？在设计迟滞电压比较器时，应注意哪些问题？
6. 比较说明集成电压比较器和集成运算放大器的异同点。

第 6 章　直流稳压电源

直流稳压电源一般由电源变压器、整流电路、滤波电路和稳压电路组成。电源变压器的作用是将交流电网上的 220V、50Hz 的市电变成需要的交流电压。整流电路的作用是将交流电压转换成单向脉动的直流电压。滤波电路的作用是将整流所得的脉动直流电压中含有的较大纹波滤除，得到平滑的直流电压。滤波电路的输出电压还会随着电网电压波动、负载和温度的变化而变化，因此需要稳压电路来维持输出直流电压的稳定，使输出直流电压不随电网电压波动、负载和温度的变化而变化。直流稳压电源有 3 类：并联式稳压电源、晶体三极管串联调整式稳压电源和开关式稳压电源。直流稳压电源的组成框图如图 6.1 所示。

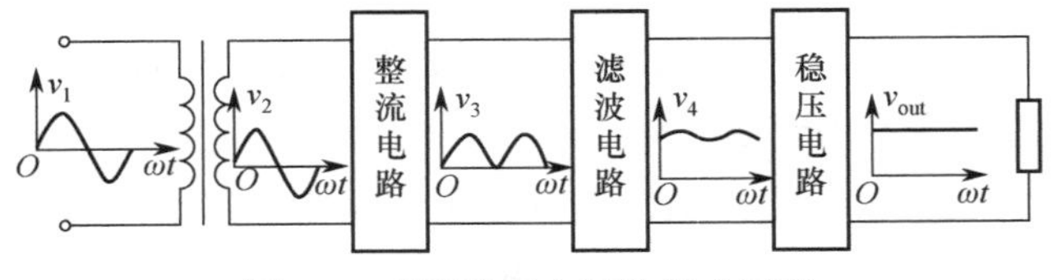

图 6.1　直流稳压电源的组成框图

6.1　小功率整流电路与滤波电路

6.1.1　整流电路

1. 半波整流电路

1）工作原理

半波整流电路及其输出电压波形图如图 6.2 所示。电源变压器次级电压 $v_2 = V_{2M}\sin\omega t$，利用二极管的单向导电性，交流电压只在正半周通过二极管加在负载上，负载电流只有一个方向，从而可以实现整流。当次级绕组电压极性为上正下负时，二极管导通，输出电压 v_{out} 与 v_2 相同。在交流信号的负半周期，二极管因加反向电压而截止，电路输出端电压为零。

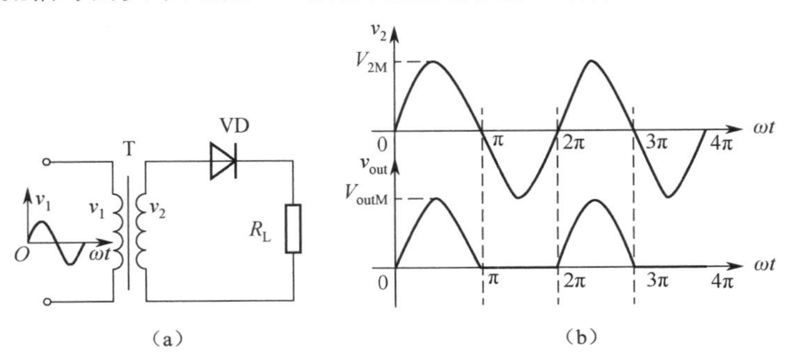

图 6.2　半波整流电路及其输出电压波形图

2）主要技术指标

（1）输出电压平均值。

在如图 6.2（b）所示的波形图中，流过负载的整流电压是单方向的，但其大小是变化的，是一个单向脉动电压，由此可求出输出平均电压值为

$$V_{\text{out}} = \frac{1}{2\pi}\int_0^{\pi}\sqrt{2}V_2\sin\omega t\mathrm{d}(\omega t) = \frac{\sqrt{2}V_2}{\pi} \approx 0.45V_2$$

式中，V_2 表示变压器副边线圈电压的平均值。

（2）流过二极管的电流。

由于流过负载的电流等于流过二极管的电流 I_{D}，因此有

$$I_{\text{D}} = I_{\text{out}} = \frac{V_{\text{out}}}{R_{\text{L}}} \approx 0.45\frac{V_2}{R_{\text{L}}}$$

（3）二极管承受的最大反向电压。

二极管承受的最大反向电压 V_{DRM} 就是变压器次级电压的最大值，即

$$V_{\text{DRM}} = \sqrt{2}V_2$$

（4）脉动系数。

脉动系数 S 是衡量整流电路输出电压平滑程度的指标。由于从负载上得到的电压 V_{out} 是一个非正弦周期信号，因此可用傅里叶级数展开为

$$V_{\text{out}} = \sqrt{2}V_2\left(\frac{1}{\pi} + \frac{1}{2}\cdot\sin\omega t - \frac{2}{3\pi}\cdot\cos\omega t + \cdots\right)$$

脉动系数的定义为最低次谐波的峰值与输出电压平均值之比，即

$$S = \frac{V_{\text{oiM}}}{V_{\text{out}}} = \frac{\dfrac{\sqrt{2}V_2}{2}}{\dfrac{\sqrt{2}V_2}{\pi}} = \frac{\pi}{2}$$

3）半波整流电路的特点

半波整流电路的优点是电路简单、器件少；缺点是交流电压只在半个周期内得到利用，输出直流电压低，$V_{\text{out}} \approx 0.45V_2$，脉动系数大。

2. 桥式整流电路

为了克服半波整流电路的电源利用率低、整流电压脉动系数大的缺点，实验中常采用全波整流电路，其中最常用的是桥式整流电路。

1）工作原理

桥式整流电路中，4 个相同的二极管组成桥路，如图 6.3 所示。

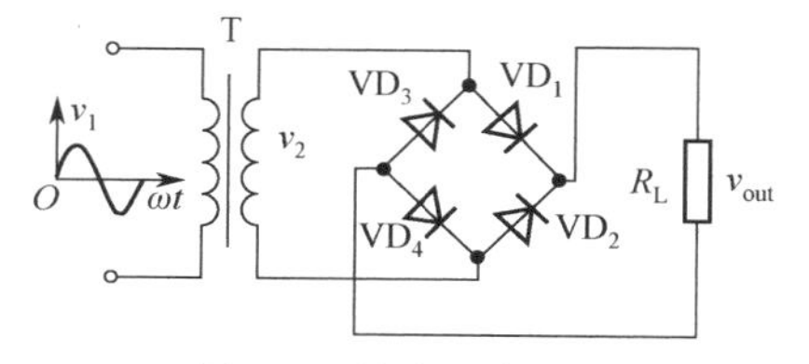

图 6.3　桥式整流电路

桥式整流电路在工作时，4 个二极管轮流导通。当 v_2 的正半周到来时，VD_1 和 VD_4 因加正向电压而导通，而 VD_2 和 VD_3 因加反向电压而截止，桥式整流电路正半周的电流流动方向如图 6.4 所示，负载电流的方向为由上至下。

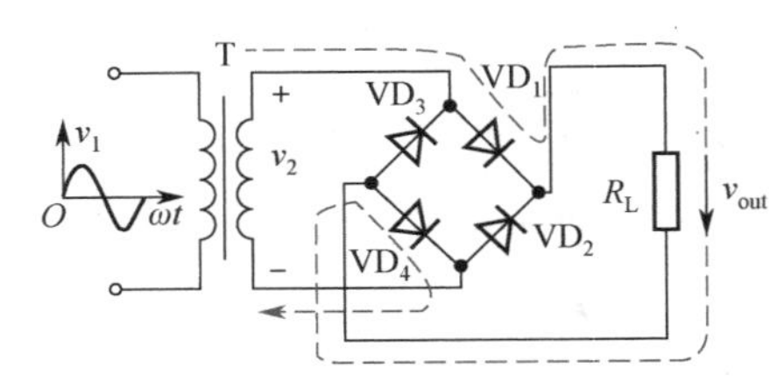

图 6.4　桥式整流电路正半周的电流流动方向

当 v_2 的负半周到来时，VD_2 和 VD_3 因加正向电压而导通，而 VD_1 和 VD_4 因加反向电压而截止，桥式整流电路负半周的电流流动方向如图 6.5 所示，负载电流的方向为由上至下。

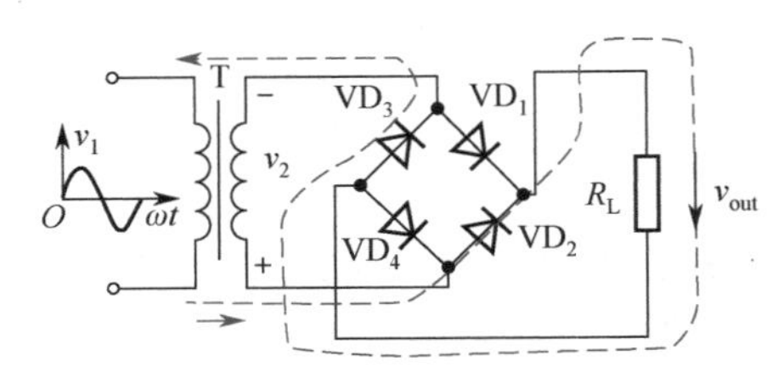

图 6.5　桥式整流电路负半周的电流流动方向

这样在 v_2 的一个周期内 VD_1、VD_4 和 VD_2、VD_3 轮流导通，在负载上获得全波脉动电流（电压）。桥式整流电路的输出电压波形和二极管上的电压波形如图 6.6 所示。

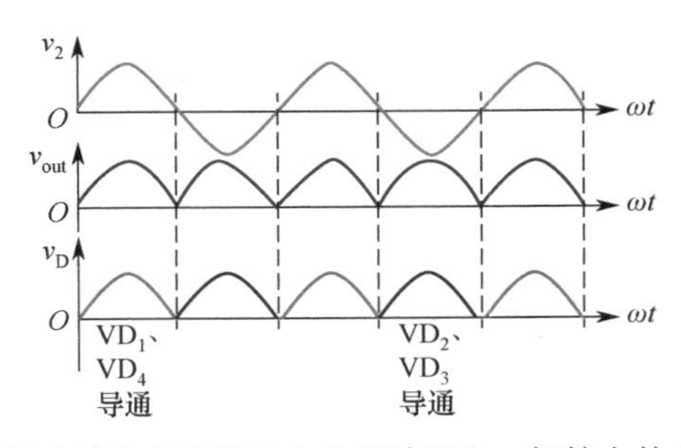

图 6.6　桥式整流电路的输出电压波形和二极管上的电压波形

2）主要技术指标

（1）输出电压平均值。

由以上分析可知，桥式整流电路的输出电压平均值 V_{out} 是半波整流电路的 2 倍，即

$$V_{out} \approx 0.9V_2$$

（2）流过负载的电流。

桥式整流电路中流过负载的电流也增大为原来的 2 倍，即

$$I_{out} = \frac{V_{out}}{R_L} = 0.9\frac{V_2}{R_L}$$

（3）流过二极管的平均电流。

因为每两个二极管轮流导通半个周期，所以每个二极管中流过的平均电流是负载电流的一半，即

$$I_D = \frac{I_{out}}{2} = 0.45\frac{V_2}{R_L}$$

（4）二极管承受的最大反向电压。

由图 6.4 可以看出，当 VD_1 和 VD_4 导通时，若忽略二极管的正向压降，则二极管 VD_2 和 VD_3 因加反向电压而截止，二极管承受的最大反向电压为

$$V_{DRM} = \sqrt{2}V_2$$

（5）脉动系数。

桥式整流电路的输出电压 V_{out} 的傅里叶级数展开式为

$$V_{out} = \sqrt{2}V_2\left(\frac{2}{\pi} - \frac{4}{3\pi}\cdot\cos 2\omega t - \frac{4}{15\pi}\cdot\cos 4\omega t - \cdots\right)$$

因此，桥式整流电路的脉动系数为

$$S = \frac{V_{oiM}}{V_{out}} = \frac{\frac{4\sqrt{2}V_2}{3\pi}}{\frac{2\sqrt{2}V_2}{\pi}} \approx 0.67$$

3）桥式整流电路的特点

桥式整流电路具有电源利用率高、输出电压平均值高、整流器件承受的反向电压较低等优点。在电源变压器次级电压相同的情况下，单相桥式整流电路的输出电压平均值高、脉动系数小，二极管承受的反向电压和半波整流电路的一样。虽然使用了 4 个二极管，但小功率二极管体积小、价格低，因此桥式整流电路得到了广泛应用。

6.1.2　滤波电路

1. 电容滤波电路

1）工作原理

整流电路输出的是单向脉动的直流电压，虽然是直流电压，但其脉动较大，无法用于某些设备。为了减小电压的脉动从而获得更加平滑的直流电压，需要对整流后的电压信号进行滤波。常用的滤波电路有电容滤波电路、电感滤波电路和组合滤波电路等。常见的电容滤波电路如图 6.7 所示。

在桥式整流电路的负载两端并联一个滤波电容（一般为大容量电解电容），就构成了电容滤波电路。在不加滤波电容的情况下，负载两端的电压为脉动直流电压。

在 v_2 的正半周，二极管 VD_1 和 VD_4 导通，若忽略二极管的正向压降，则 $v_{out} = v_2$，这个电压一方面给电容充电，另一方面产生负载电流 I_{out}。电容上的电压 v_C 与 v_2 同步增大，在 v_2 达到峰值后，v_C 开始减小，当 $v_C > v_2$ 时，二极管截止，电容滤波电路的输出电压波形如图 6.8

所示。之后，电容以指数规律经负载电阻放电，v_C 减小。随着放电的进行，v_2 经负半周后开始上升，当 $v_2 > v_C$ 时，电容再次被充电到峰值，此时电容再次经负载电阻放电。电容滤波电路通过这种周期性的充、放电，可达到滤波效果。

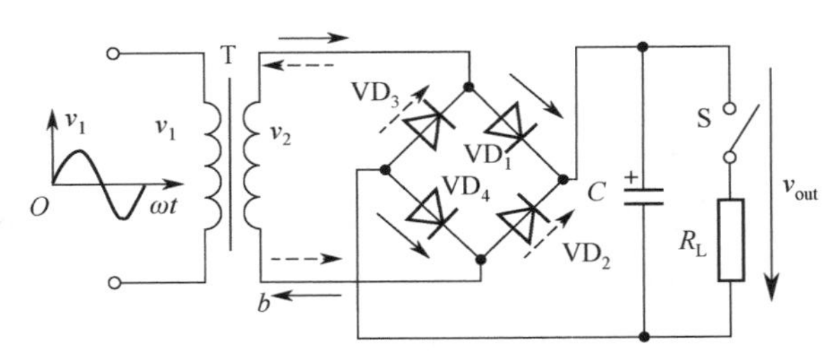

图 6.7　常见的电容滤波电路

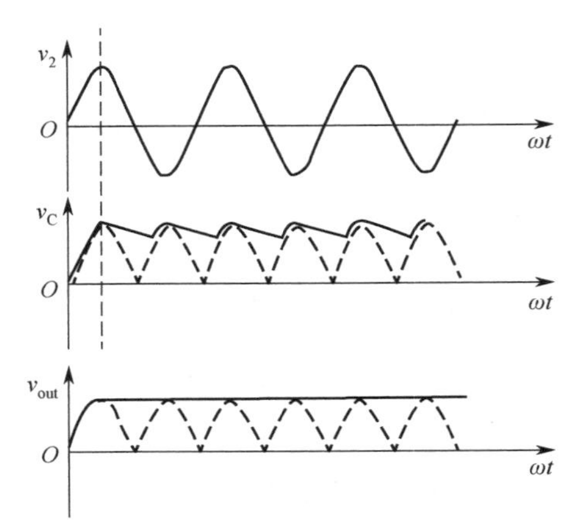

图 6.8　电容滤波电路的输出电压波形

电容的不断充、放电使得输出电压的脉动减小，平均值增大。输出电压平均值 V_{out} 的大小与 R_L、C 的大小有关，R_LC 越大，电容放电越慢，V_{out} 越大。在极限情况下，即当 $R_L \to \infty$ 时，$V_{out} = V_C = \sqrt{2}V_2$，电容不再放电。当 R_L 很小时，电容放电很快，v_{out} 甚至与 v_2 同步减小，则 $V_{out} = 0.9V_2$，可见电容滤波电路适用于负载较小的场合。一般取 $\tau = R_LC \geqslant (3 \sim 5)T/2$，则输出电压的平均值 $V_{out} = 1.2V_2$，其中 T 为交流信号的周期。R_LC 越大，V_{out} 越大，I_{out} 越大，二极管的导通时间越短，流过的峰值电流越大，流过二极管的电流为周期性脉冲波，其波形如图 6.9 所示。

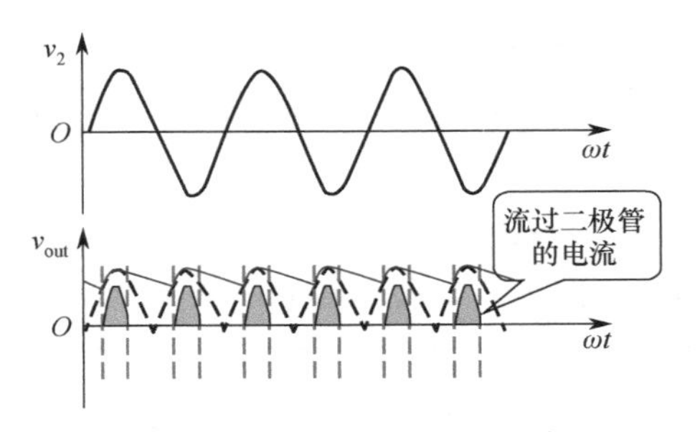

图 6.9　流过二极管的电流的波形

2）在利用电容滤波时的注意事项

（1）滤波电容的容量较大，一般采用电解电容，应注意电容的正极接高电位，负极接低电位。若正、负极接反，则电容容易击穿、爆裂。

（2）开始时电容上的电压为零，通电后电源经二极管给电容充电。通电瞬间，二极管上流过短路电流，又称为浪涌电流。一般浪涌电流是正常工作电流的 5～7 倍，所以在选二极管时，应选正向平均电流大一些的，同时在整流电路的输出端应串联一个保护电阻。

2. 电感滤波电路

1）工作原理

电感也是一种储能器件，常见的电感滤波电路如图 6.10 所示，当电流发生变化时，电感中的感应电动势将阻止其变化，使流过电感的电流不能突变。当电流有变大的趋势时，感生电流的方向与原电流的方向相反，阻碍电流增大，将部分能量存储起来；当电流有变小的趋势时，感生电流的方向与原电流的方向相同，放出部分存储能量，阻碍电流减小，从而使输出电流与电压的脉动减小。

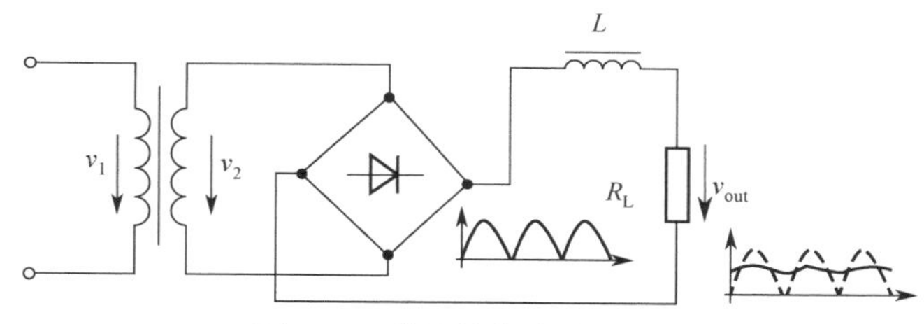

图 6.10　常见的电感滤波电路

2）电感滤波电路的特点

（1）通过二极管的电流不会出现瞬时极大值。

（2）当不考虑电感的直流电阻时，电感对直流电压无影响，对交流电压起分压作用。

（3）因为电感的直流电阻很小，所以负载上得到的输出电压和纯电阻负载的电压相同，即

$$V_{out} = V_L = 0.9V_2$$

3. 组合滤波电路

常见的组合滤波电路如图 6.11 所示。组合滤波电路也称为复式滤波电路，通常由电感和电容组合而成。

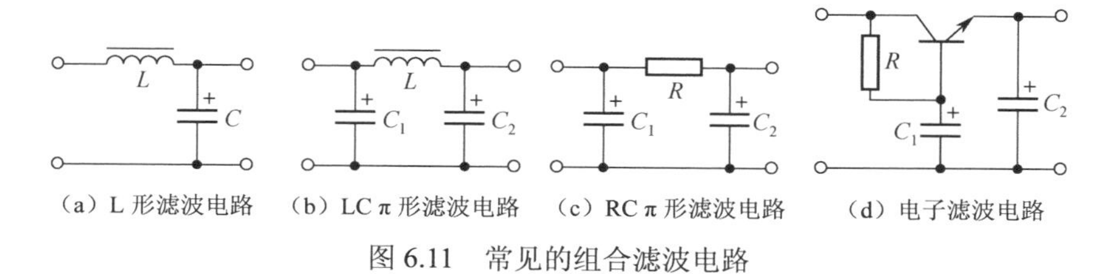

图 6.11　常见的组合滤波电路

6.2　稳 压 电 路

通过整流滤波电路获得的直流电压是比较稳定的，但当电网电压波动或负载电阻的阻值变化时，输出电压会随之变化。电子设备一般需要更稳定的电源电压。若电源电压不稳定，则会导致直流放大器产生零点漂移、交流噪声增大、测量仪表的测量精度降低等问题。因此，必须进行稳压，目前中、小功率设备中广泛采用的稳压电路有并联型稳压电路、串联型稳压电路、三端集成稳压器及开关型稳压电路。

6.2.1　并联型稳压电路

1. 电路组成

并联型稳压电路如图 6.12 所示。

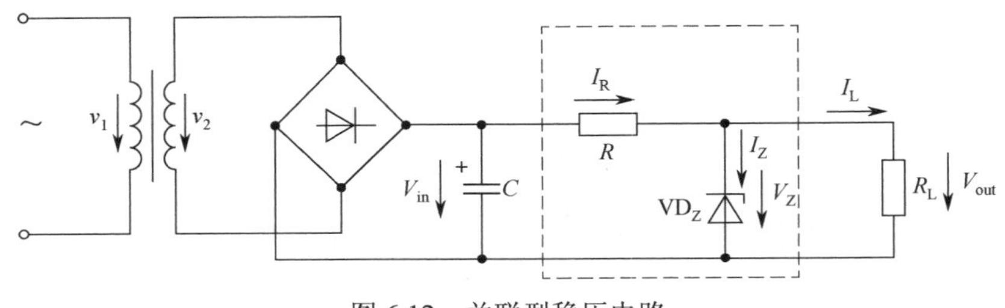

图 6.12　并联型稳压电路

2. 稳压原理

无论是电网电压波动，还是负载电阻的阻值 R_L 发生变化，并联型稳压电路都能起到稳压作用，因为 V_Z 基本恒定，而 $V_{out}=V_Z$。下面从两个方面来分析其稳压原理。

（1）设 R_L 不变，电网电压升高使 V_{in} 升高，导致 V_{out} 升高，而 $V_{out}=V_Z$。根据稳压二极管的特性，当 V_Z 升高一点时，I_Z 将会显著增大，这样必然使阻值为 R 的电阻上的压降增大，抵消了 V_{in} 的增加部分，从而保持 V_{out} 不变，反之亦然。

$$V_{in}\uparrow \xrightarrow{V_{out}=V_{in}-V_R} V_{out}\uparrow \to V_Z\uparrow \to I_Z\uparrow \xrightarrow{I_R=I_L+I_Z} I_R\uparrow \to V_R\uparrow$$

（2）设电网电压不变，当 R_L 增大时，I_L 减小，V_R 将会减小。由于 $V_{out}=V_Z=V_{in}-V_R$，因此 V_{out} 升高，即 V_Z 升高，这样必然使 I_Z 显著增大。由于 $I_R=I_Z+I_L$，因此 I_R 基本不变，导致 V_R 基本不变，V_{out} 也就保持不变，反之亦然。

$$R_L\uparrow \to I_L\downarrow \xrightarrow{I_R=I_L+I_Z} I_R\downarrow \to V_R\downarrow \xrightarrow{V_{out}=V_{in}-V_R} V_{out}\uparrow \to I_Z\uparrow$$

在实际使用中，这两个过程是同时存在的，两种调整也同时存在。因此，无论是电网电压波动，还是负载电阻的阻值发生变化，并联型稳压电路都能起到稳压作用。

3. 电路参数确定

1）限流电阻的计算

若要并联型稳压电路输出稳定的电压，则必须保证稳压二极管正常工作。因此必须根据电网电压和负载电阻的阻值 R_L 的变化范围，选择阻值合适的限流电阻。以下对两种极限情况进行分析。

（1）当 V_{in} 为最小值、I_{out} 达到最大值，即 $V_{in}=V_{inmin}$、$I_{out}=I_{outmax}$ 时，有

$$I_R=(V_{inmin}-V_Z)/R$$

则 $I_Z=I_R-I_{outmax}$ 为最小值。为了让稳压二极管工作在稳压区，此时 I_Z 应小于 I_{Zmin}，即 $I_Z=(V_{inmin}-V_Z)/R-I_{outmax}<I_{Zmin}$，则

$$R>\frac{V_{inmin}-V_Z}{I_{Zmin}+I_{outmax}}$$

（2）当 V_{in} 达到最大值、I_{out} 为最小值，即 $V_{in}=V_{inmax}$、$I_{out}=I_{outmin}$ 时，有

$$I_R=(V_{inmax}-V_Z)/R$$

则 $I_Z=I_R-I_{outmin}$ 为最大值。为了让稳压二极管安全工作，此时 I_Z 应大于 I_{Zmax}，即 $I_Z=(V_{inmax}-V_Z)/R-I_{outmin}>I_{Zmax}$，则

$$R<\frac{V_{inmax}-V_Z}{I_{Zmax}+I_{outmin}}$$

所以限流电阻的阻值 R 的取值范围为

$$\frac{V_{inmin}-V_Z}{I_{Zmin}+I_{outmax}}<R<\frac{V_{inmax}-V_Z}{I_{Zmax}+I_{outmin}}$$

2）确定稳压二极管的参数

稳压二极管的参数一般取

$$V_Z=V，\ I_{Zmax}=(1.5\sim3)I_{outmax}，\ V_{in}=(2\sim3)V_{out}$$

4. 并联型稳压电路的特点

并联型稳压电路的优点是电路简单、工作可靠、稳压效果较好。其缺点是输出电压要由稳压二极管的稳压值来决定，不能根据需要加以调节；输出电流 I_{out} 的变化要靠 I_Z 的变化来补偿，而 I_Z 的变化范围为 $I_{Zmin}\sim I_{Zmax}$，故输出电流的变化范围小；电压稳定度不够高，动态内阻较大（约为几欧到几十欧）。

6.2.2　串联型稳压电路

并联型稳压电路可以使输出电压稳定，但输出电压不能随意调节，而且输出电流很小。为了加大输出电流，使输出电压可调节，常采用串联型稳压电路。串联型稳压电路的结构图如图 6.13 所示，其由调整电路、比较放大电路、基准电压电路、取样电路组成。

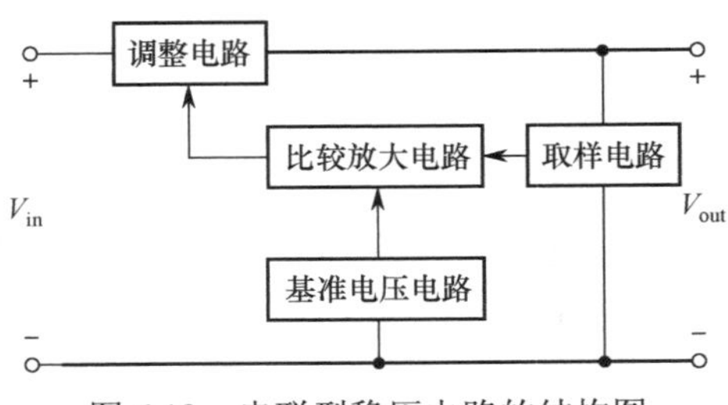

图 6.13 串联型稳压电路的结构图

1. 电路组成

（1）调整电路：调节自身的压降，保证输出电压不变。

（2）比较放大电路：对输出电压同基准电压比较所得的控制信号进行放大。

（3）基准电压电路：提供基准电压，作为比较输出电压变化与否的标准。

（4）取样电路：用于取出一部分输出电压。

2. 稳压原理

串联型稳压电路如图 6.14 所示，电网电压波动或负载电阻的阻值变化可能会引起输出电压 V_{out} 的升高或降低。为了减小输出电压的变化，可以利用负反馈作用使输出电压趋于稳定。当由于某种原因输出电压 V_{out} 升高时，电路中各点的电压将发生如下变化过程

$$V_{out}\uparrow\rightarrow V_{b2}\uparrow\rightarrow V_{b1}(V_{c2})\downarrow\rightarrow V_{out}\downarrow$$

串联型稳压电路的输出电压 V_{out} 可通过改变 R_p 的大小进行调节

$$V_{out}=\frac{R_1+R_p+R_2}{R_2+R_p'}\cdot V_Z=\frac{R}{R_2+R_p'}\cdot V_Z$$

式中，$R=R_1+R_p+R_2$；R_p' 是滑动变阻器下半部分的阻值。

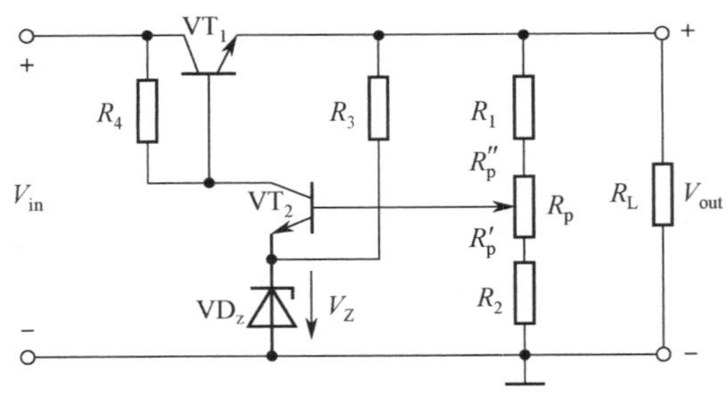

图 6.14 串联型稳压电路

3. 输出电压的调整方法

从电路上看，可将 R_p 分为两部分，分别同 R_1、R_2 合成 R_1' 和 R_2'，在忽略 VT_2 的基极偏置电流的情况下，R_1' 和 R_2' 对应的电流近似相等

$$V_{out}\approx\frac{R_1+R_p+R_2}{R_2'}\cdot V_Z$$

通过改变 R_p 的大小，可得到不同的输出电压 V_{out}。

6.2.3 三端集成稳压器

三端集成稳压器将取样电路、基准电压电路、比较放大电路、调整电路及保护电路集成在一个芯片上，按引出端的不同，可分为三端固定式集成稳压器、三端可调式集成稳压器和多端可调式集成稳压器。三端集成稳压器有输入端、输出端和公共端（接地）三个接线端点，由于需要外接的器件较少，便于安装和调试，且工作可靠，因此得到广泛应用。

1. 三端固定式集成稳压器

常用的三端固定式集成稳压器有 W7800 系列、W7900 系列，其外形图如图 6.15 所示。型号中的 78 表示输出值为正电压值，79 表示输出值为负电压值，00 表示输出电压的稳定值。根据输出电流大小的不同，三端固定式集成稳压器又分为 CW78 系列（最大输出电流为 1～1.5A）、CW78M00 系列（最大输出电流为 0.5A）、CW78L00 系列（最大输出电流为 100mA 左右）。W7800 系列的输出电压等级有 5V、6V、9V、12V、15V、18V、24V，W7900 系列的输出电压等级有−5V、−6V、−9V、−12V、−15V、−18V、−24V。例如，CW7815 表明输出电压为+15V，输出电流为 1.5A；CW79M12 表明输出电压为−12V，输出电流为−0.5A。

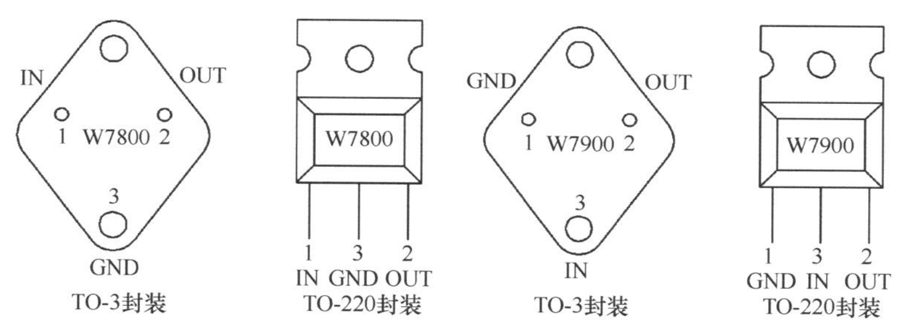

图 6.15 三端固定式集成稳压器的外形图

2. 三端可调式集成稳压器

前面介绍的 W7800 系列、W7900 系列三端固定式集成稳压器只能输出固定的电压值，在实际应用中不太方便。三端可调式集成稳压器有 CW117 系列、CW217 系列、CW317 系列、CW337 系列和 CW337L 系列。三端可调式集成稳压器的外形图如图 6.16 所示。

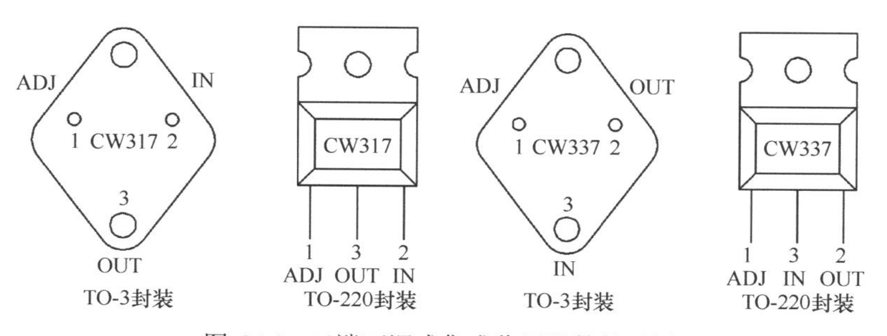

图 6.16 三端可调式集成稳压器的外形图

在图 6.16 中，CW317 是三端可调式正电压输出集成稳压器，而 CW337 是三端可调式负电压输出集成稳压器。三端可调式集成稳压器的输出电压为 1.25～37V，输出电流可达 1.5A。

3. 三端集成稳压器的应用

1）三端固定式集成稳压器应用

三端固定式集成稳压器的应用电路如图 6.17（a）所示，其中图 6.17（a）所示电路输出固定的正电压，图 6.17（b）所示电路输出固定的负电压。输入端电容的取值范围为 0.1～1μF，用以抵消输入端可能存在的电感效应，防止自激振荡；输出端电容用以改善负载的瞬态响应，一般取 1μF 左右，其作用是减小高频噪声。

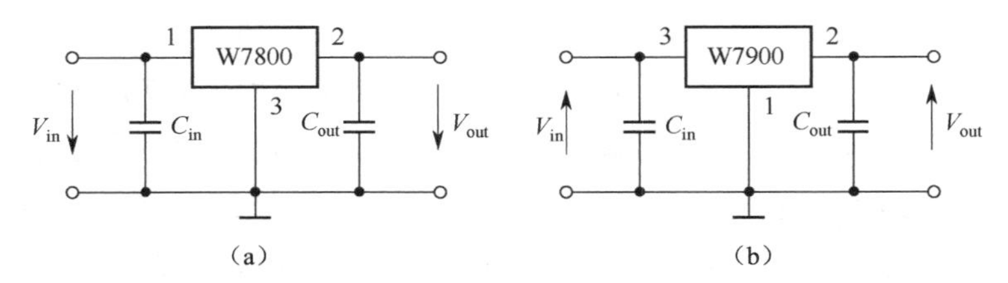

图 6.17 三端固定式集成稳压器的应用电路

2）三端可调式集成稳压器的应用

当需要正、负两组电源电压输出时，可采用 7800 系列集成稳压器芯片（如 7815）和 7900 系列集成稳压器芯片（如 7915）各一块，按图 6.18 接线，即可得到正、负对称的两组电源电压。

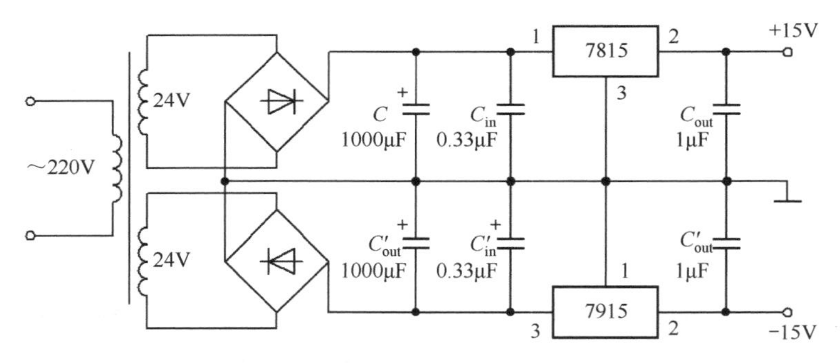

图 6.18 三端可调式集成稳压器的应用电路

6.2.4 开关型稳压电路

串联型稳压电路中的稳压二极管工作在放大区，由于负载电流连续通过稳压二极管，因此稳压二极管的功率损耗大，电源效率低，一般只有 20%～24%。开关型稳压电路可使稳压二极管工作在开关状态，功率损耗很小，电源效率可提高到 60%～80%，甚至可达 90%以上。开关型稳压电路及其输出电压波形如图 6.19 所示。

1. 工作原理

开关型稳压电路就是把串联型稳压电路的稳压二极管由线性工作状态改成开关状态，如

图 6.19（a）所示。方波发生器为一个开关信号发生器，当它输出高电平时，晶体三极管 VT 饱和导通；当它输出低电平时，晶体三极管 VT 截止。输出电压波形如图 6.19（b）所示。将导通时间 t_{on} 与开关周期 T_n 之比定义为占空比 D，即

$$D=\frac{t_{on}}{t_{on}+t_{off}}=\frac{t_{on}}{T_n}$$

输出电压平均值为

$$V_{out}\approx DV_{in}$$

式中，t_{on} 为晶体三极管的导通时间；t_{off} 为晶体三极管的截止时间；T_n 为晶体三极管的开关周期；D 为晶体三极管的占空比。对于一定的输入电压 V_{in}，通过调节占空比即可调节输出电压平均值 V_{out}。调节占空比的方法有两种：一种是固定开关的频率而改变脉冲的宽度 t_{on}，称为脉宽调制，用 PWM 表示；另一种是固定脉冲的宽度而改变开关周期，称为脉冲频率调制，用 PFM 表示。

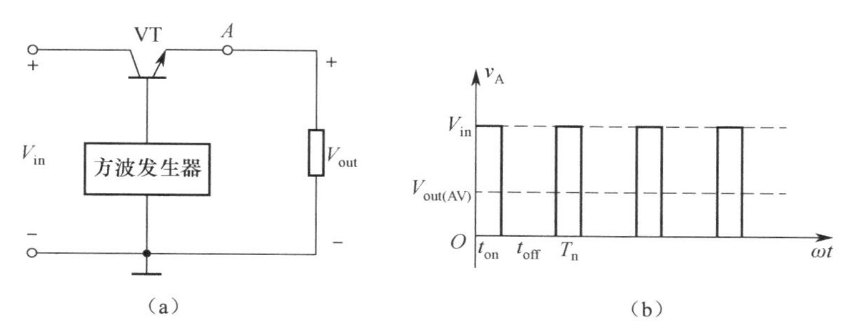

图 6.19　开关型稳压电路及其输出电压波形

2. 应用实例

PWM 型开关电源电路如图 6.20 所示，该电路用反馈环路来实现自动调节，在取样、比较放大环节后，再加入一个脉宽调制器。它可将比较放大后的输出电压量转换成固定频率相应脉宽的脉冲序列，从而产生一个固定频率的脉冲，其脉冲宽度随着比较放大电路的输出电压的变化而改变。

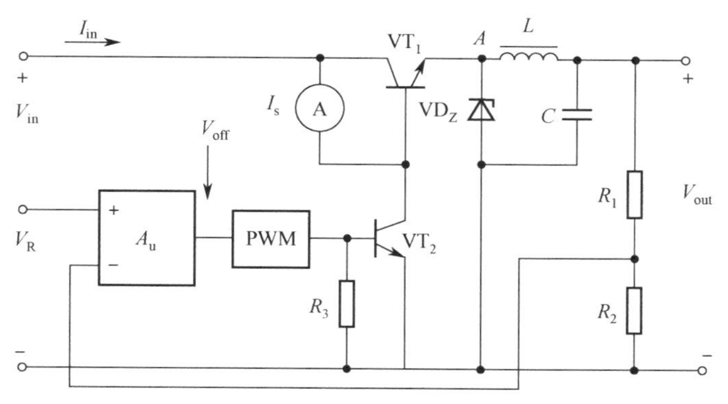

图 6.20　PWM 型开关电源电路

脉宽调制器产生一串矩形脉冲，当脉冲是低电平时，VT_2 截止，I_{in} 全部流过 VT_1 而使 VT_1

饱和导通；当脉冲是高电平时，VT_2 饱和导通，VT_1 截止。这样 PWM 型开关电源向负载提供的能量是断续的。为了使负载得到连续的能量供给，PWM 型开关电源必须有一套平波装置。当 VT_1 饱和导通时，VT_2 截止，此时 A 点的电压近似等于输入电压，即 $V_A \approx V_i$，这时电感储能，电容充电，同时给负载提供能量。当 VT_1 截止时，电感释放能量，电容放电。选择合适的电容和电感，可在 VT_1 关断期间保证负载电流连续。PWM 型开关电源电路的组成框图如图 6.21 所示。

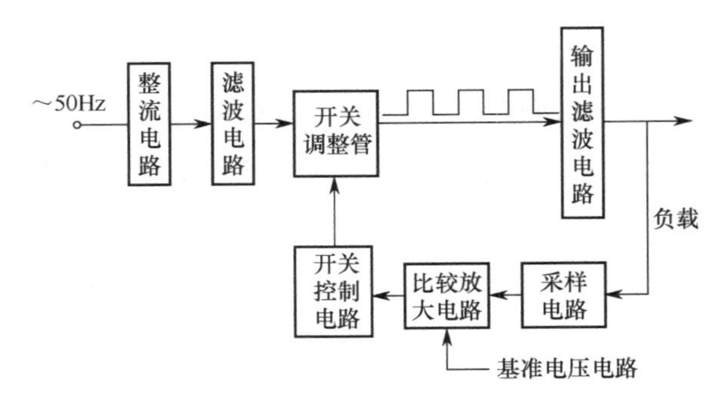

图 6.21 PWM 型开关电源电路的组成框图

6.3 直流稳压电源的设计

6.3.1 设计要求

1. 设计基本要求

（1）设计一个能输出±12V（或±9V 或±5V）的直流稳压电源。

（2）拟定设计步骤和测试方案。

（3）根据设计要求和技术指标设计电路，选择器件。

（4）画出电路原理图，并用 Protel 软件画出 PCB。

（5）在万能板或面包板或 PCB 上制作一个直流稳压电源。

（6）测量直流稳压电源的内阻。

（7）测量直流稳压电源的稳压系数、纹波电压。

（8）撰写设计报告。

2. 设计扩展要求

（1）能显示电源输出电压值，其范围为 0～12V。

（2）有短路保护及过载保护功能。

6.3.2 设计指标

设计指标：要求电源输出电压为±12V（或±9V 或±5V），输入交流电压为 220V，最大输出电流为 500mA，纹波电压小于或等于 5mV，稳压系数小于或等于 5%。

6.3.3　系统设计框图

系统设计框图如图 6.22 所示。

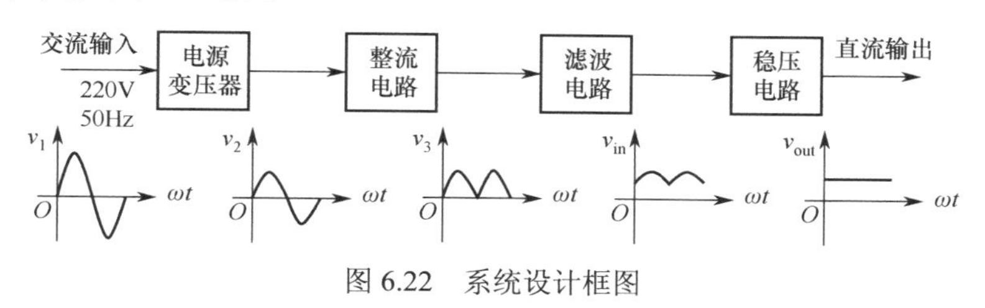

图 6.22　系统设计框图

6.4　思　考　题

1. 电路如图 6.23 所示，已知稳压二极管的稳定电压为 6V，最小稳定电流为 5mA，允许耗散功率为 240mW，动态电阻小于 15Ω。若断开阻值为 R_2 的电阻，问：

（1）当输入电压 v_{in} 为 20～24V，R_L 为 200～600Ω 时，限流电阻的阻值 R_1 的选取范围是多少？

（2）若 $R_1 = 390\Omega$，则电路的稳压系数是多少？

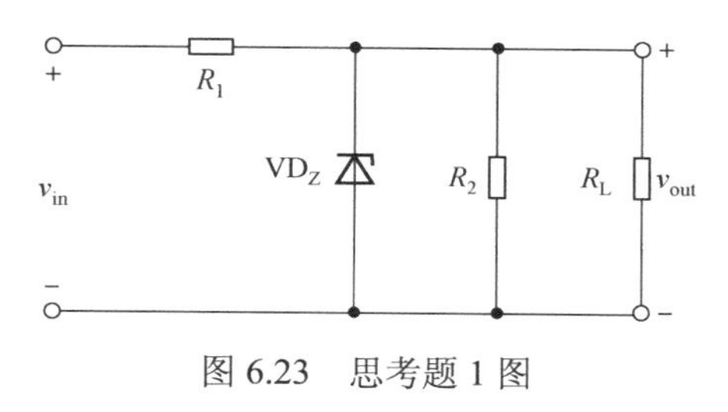

图 6.23　思考题 1 图

2. 桥式整流滤波电路如图 6.24 所示，已知 v_1 为 220V、50Hz 的交流电源电压，要求输出直流电压为 30V，负载直流电流为 50mA。试求电源变压器副边电压的有效值 v_2，并选择整流二极管及滤波电容。

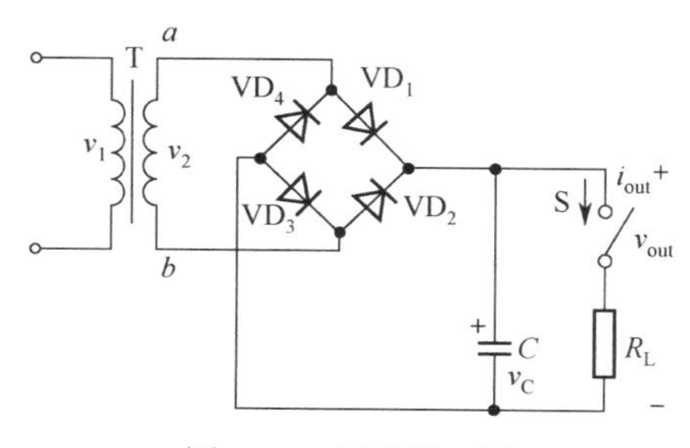

图 6.24　思考题 2 图

附录A　电阻标称值和允许偏差

电阻标称值（Standard Values）的分类

E-6 系列

1.00 1.50 2.20 3.30 4.70 6.80

E-12 系列

1.00 1.20 1.50 1.80 2.20 2.70 3.30 3.90 4.70 5.60 6.80 8.20

E-24 系列

1.00 1.10 1.20 1.30 1.50 1.60 1.80 2.00 2.20 2.40 2.70 3.00

3.30 3.60 3.90 4.30 4.70 5.10 5.60 6.20 6.80 7.50 8.20 9.10

E-96 系列

1.00 1.02 1.05 1.07 1.10 1.13 1.15 1.18 1.21 1.24 1.27 1.30

1.33 1.37 1.40 1.43 1.47 1.50 1.54 1.58 1.62 1.65 1.69 1.74

1.78 1.82 1.87 1.91 1.96 2.00 2.05 2.10 2.15 2.21 2.26 2.32

2.37 2.43 2.49 2.55 2.61 2.67 2.74 2.80 2.87 2.94 3.01 3.09

3.16 3.24 3.32 3.40 3.48 3.57 3.65 3.74 3.83 3.92 4.02 4.12

4.22 4.32 4.42 4.53 4.64 4.75 4.87 4.99 5.11 5.23 5.36 5.49

5.62 5.76 5.90 6.04 6.19 6.34 6.49 6.65 6.81 6.98 7.15 7.32

7.50 7.68 7.87 8.06 8.25 8.45 8.66 8.87 9.09 9.31 9.53 9.76

直插式电阻和贴片式电阻的读法

例 1：红红黑（金）= 22×10^0 = 22（±5%）　例 2：黄紫黑黄（棕）= $470\times10^4=4.7\times10^6$（±1%）

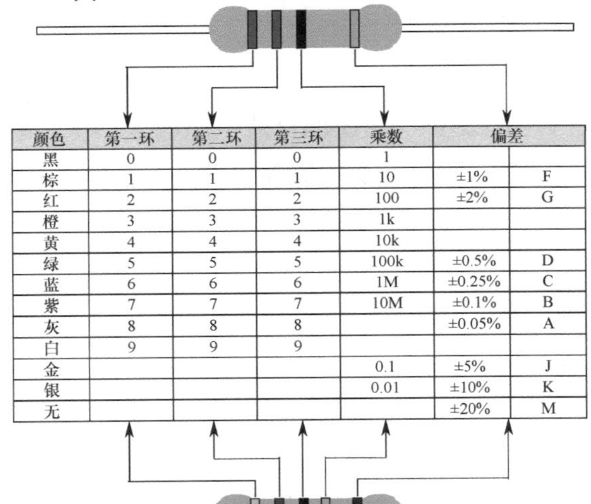

颜色	第一环	第二环	第三环	乘数	偏差	
黑	0	0	0	1		
棕	1	1	1	10	±1%	F
红	2	2	2	100	±2%	G
橙	3	3	3	1k		
黄	4	4	4	10k		
绿	5	5	5	100k	±0.5%	D
蓝	6	6	6	1M	±0.25%	C
紫	7	7	7	10M	±0.1%	B
灰	8	8	8		±0.05%	A
白	9	9	9			
金				0.1	±5%	J
银				0.01	±10%	K
无					±20%	M

103 → 10kΩ

E-24 系列：采用三位数字表示，前两位表示电阻值的有效数字，第三位表示 10 的指数。

103 → 100kΩ

E-96 系列：采用四位数字表示，前三位表示电阻值的有效数字，第四位表示 10 的指数。

电阻允许偏差（Tolerance）

M	K	J	G	F	D	C	B	A
±20%	±10%	±5%	±2%	±1%	±0.5%	±0.25%	±0.1%	±0.05%

附录 B　陶瓷电容和钽电容

外形与封装

多层片式陶瓷电容

（标称值：E-24 系列）

读　　数

注意：贴片式电容表面无任何标识，不能读数！

封装采用英制单位表示

（适用无极性的电阻、电容）

封装代码	英　制	公　制
0402	0.04in×0.02in	1.00mm×0.50mm
0603	0.06in×0.03in	1.60mm×0.80mm
0805	0.08in×0.05in	2.00mm×1.25mm
1206	0.12in×0.06in	3.20mm×1.60mm

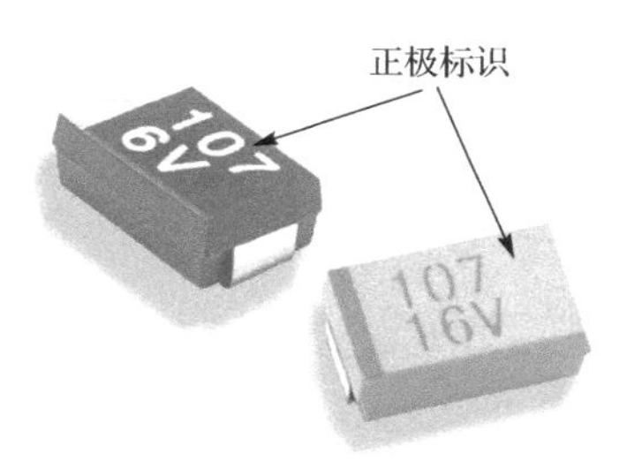

固体电解质钽电容器

（标称值：E-6 系列）

读　　数

例 1：107/16V	例 2：C105
107 = 10×10^{7}pF=100μF	105=10×10^{5}pF=1μF
16V 表示额定电压为 16V	C 表示额定电压为 16V

封装采用公制单位表示

（适用有极性的钽电容）

封装代码	英　制	公　制
3216	0.12in×0.06in	3.20mm×1.60mm
3528	0.14in×0.11in	3.50mm×2.80mm
6.32	0.23in×0.12in	6.00mm×3.20mm
7343	0.29in×0.17in	7.30mm×4.30mm

额定电压

电 压/V	4	6.3	10	16	20	25	35	50
代　码	0G	0J	1A	1C	1D	1E	1V	1H

电容允许偏差

M	K	J	H	G	F	D	C	B	A
±20%	±10%	±5%	±3%	±2%	±1%	±0.5%	±0.25%	±0.1%	±0.05%

附录C 电　　感

电感是闭合回路的一种属性。当线圈中有电流流过时，线圈中将形成磁场感应，感应磁场又会产生感应电流来抵制通过线圈的电流，这种电流与线圈的相互作用称为电的感抗，即电感，单位是亨利（H）。

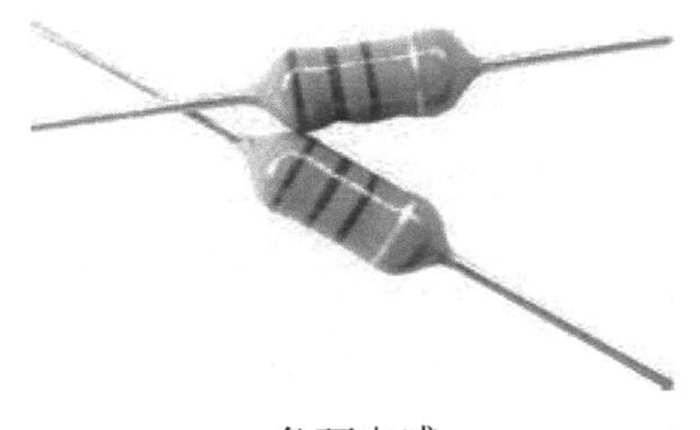

色环电感

读法：参考色环电阻的读法。

单位：nH

颜色：棕 绿 红 银

读数：15×10^{2}nH（1.5μH），误差为±10%

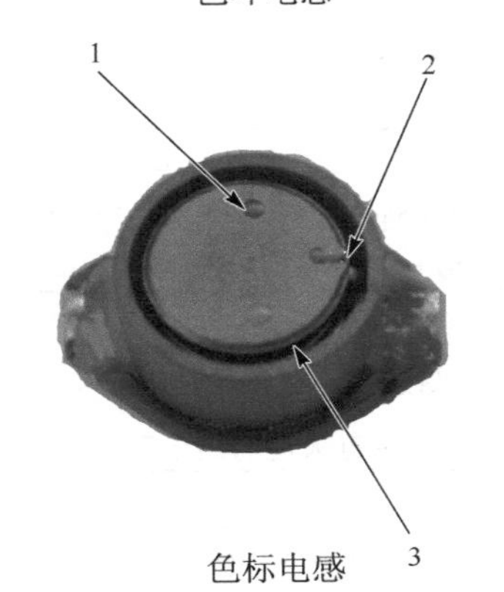

色标电感

按如左图所示的方向放置电感，顺时针依次读数。

1：红色；2：红色；3：橙色。

单位：nH

颜色：红 红 橙

读数：22×10^{3} nH（22μH）

功率电感

单位：μH

101 = 10×10^{1} =100μH

100 = 10×10^{0} =10μH

5R0 = 5×10^{0} =5μH

220 = 22×10^{0} =22μH

3R3 = 3.3×10^{0} =3.3μH

颜色和数值的对应关系

颜　色	黑	棕	红	橙	黄	绿	蓝	紫	灰	白	金	银
数　值	0	1	2	3	4	5	6	7	8	9	±5%	±10%

附录 D　二极管和晶体三极管

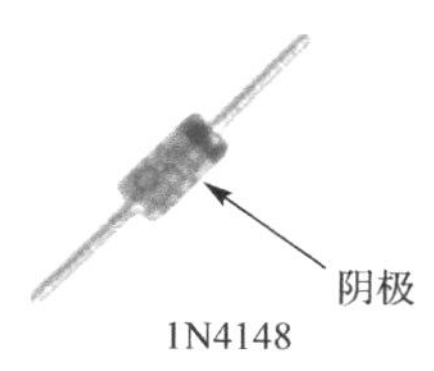

1N4148

通用二极管

型　　号	额定正向工作电流 I_F/A	额定正向管压降 V_F/V	额定反向工作电压 V_R/V
1N4148	0.2	1	75
1N4007	1	1.1	1000
1N5401	3	1.2	100

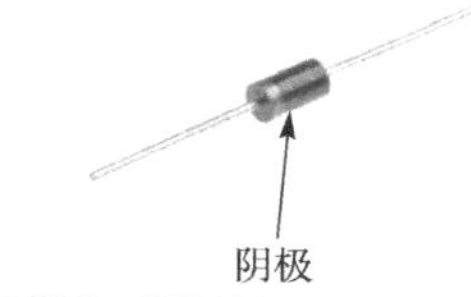

1N4007、1N5401、1N5819、1N5822

肖特基快恢复二极管

型　　号	额定正向工作电流 I_F/A	额定正向管压降 V_F/V	额定反向工作电压 V_R/V
1N5819	1	0.6	40
1N5822	3	0.525	40

贴片式二极管

贴片式二极管的表面标识与型号的对应关系

表 面 标 识	型　　号
M7	1N4007
SS14	1N5819

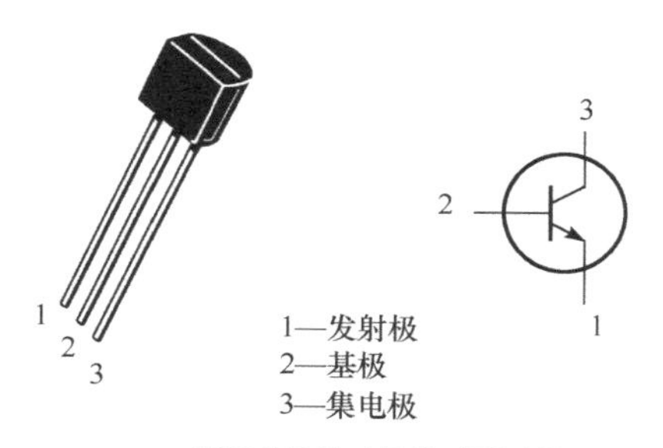

直插式晶体三极管（TO-92）

常用 NPN 型晶体三极管：9013、9014、5551、8050

常用 PNP 型晶体三极管：9012、9015、5401、8550

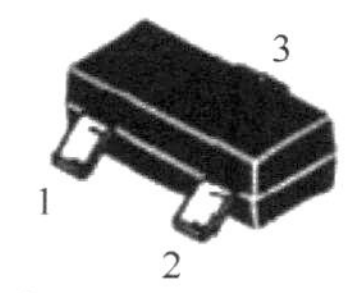

1—基极
2—发射极
3—集电极

贴片式晶体三极管（SOT-23）

贴片式晶体三极管的表面标识与型号的对应关系

型　　号	8050	8550	9013	9012
标　　识	Y1 或 J3Y	Y2 或 2TY	J3	2T

附录E 面 包 板

面包板（集成电路实验板）是电路实验中最常用的一种具有多孔插座的插件板。由于面包板可供各种电子元器件根据需要随意地被插入或拔出，免去了焊接过程，节省了电路的组装时间，而且电子元器件可以重复使用，因此非常适合在实验中使用。

E.1 面包板的结构及导电机制

面包板的结构图如图 E.1 所示，标准面包板通常分为上、中、下 3 部分。上、下 2 部分是由两行插孔构成的窄条，其外观和内部结构图如图 E.2 所示；中间部分是由中间的一条隔离凹槽和上、下各 5 行插孔构成的宽条，其外观和内部结构图如图 E.3 所示。

窄条的上、下两行之间不连通，如图 E.2 所示。一行中每 5 个插孔为一组，左边 5 组（共 25 个插孔）相互连通，右边 5 组（共 25 个插孔）相互连通。每行中间部分的左、右两边不连通，因此窄条上共有 4 个电气节点，每个电气节点包括 25 个插孔。当某一节点上连接的器件较多时，如电源、地等，可以用窄条上的 4 个多孔电气节点。

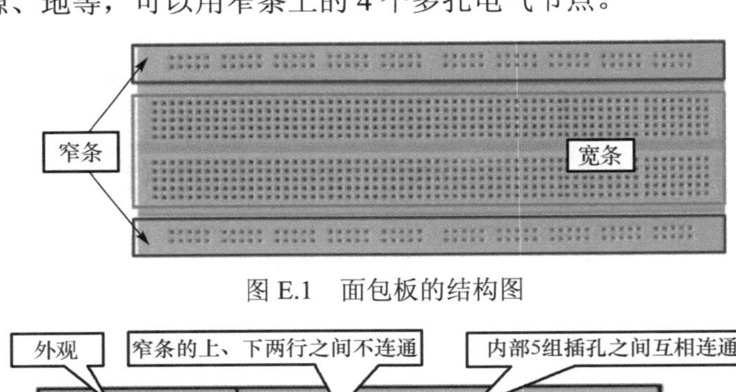

图 E.1 面包板的结构图

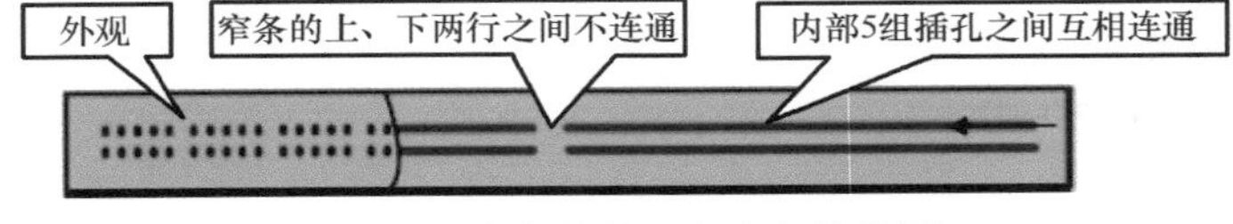

图 E.2 窄条的外观和内部结构图

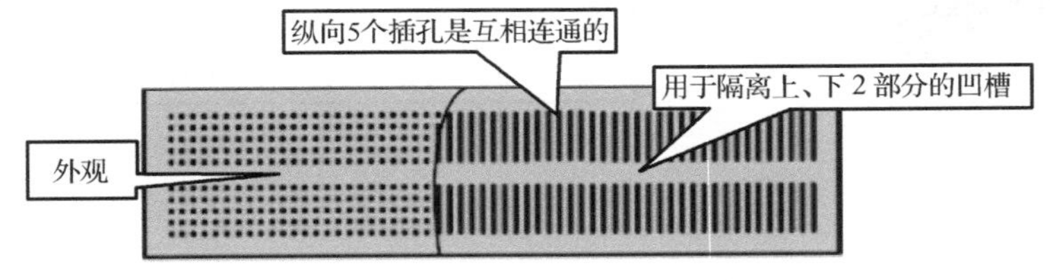

图 E.3 宽条的外观和内部结构图

宽条以其中间隔离凹槽为分界线，上、下两部分不连通。上部同一列的 5 个插孔相互连通，下部同一列的 5 个插孔相互连通，紧挨着的两列插孔不连通。

双列直插式集成电路的引脚应跨接在宽条的中间隔离凹槽的两边，每个引脚分别接在有5个插孔的上、下两排电气节点上，每个引脚所接的电气节点上会空出4个插孔，以连接其他器件。

E.2 面包板的使用方法及注意事项

（1）在安装分立器件时，应使其极性和标志便于看到，将器件引脚理直后，在需要的地方折弯，通常不剪断器件引脚，以便重复使用。

（2）面包板上不要插入引脚直径大于0.8mm的器件，以免破坏插孔内部接触片的弹性。

（3）在插入和拔出集成电路时，应使其平面保持水平，尽可能避免其引脚因受力不均而导致的弯曲或断裂的现象。

（4）对于多次使用过的器件引脚，必须修理整齐，引脚不能弯曲，所有引脚在插向面包板时，均应整理成垂直的，这样能保证引脚与插孔之间接触良好。

（5）应根据电路原理图来确定器件在面包板上的排列方式，目的是走线方便。

（6）为了能够正确布线和便于查线，所有集成电路的插入方向应尽量保持一致，不要为了走线方便或缩短导线而把集成电路倒插。

（7）根据信号流动方向来安装器件，可以采用边安装边调试的方法。

（8）为了查线方便，应采用不同颜色的导线，如正电源采用红色导线，负电源采用蓝色导线，地线采用黑线导线，信号线采用黄色导线等。

（9）在面包板上，最好使用直径为0.6mm左右的单股导线。根据导线的距离及插孔的长度剪断导线，线头剥离长度为6mm左右，要求线头全部插入底板以保证接触良好。裸线不宜露在外面，以防止与其他导线接触从而短路。

（10）导线尽量不要跨接在集成电路上，不要互相重叠，以便于查线及更换器件。

（11）在布线过程中，应把各器件在面包板上的引脚位置和标号标在电路原理图上。

（12）所有地线应连接在一起，构成一个公共参考点。

E.3 面包板及安装电子元器件的常见问题（视频）

扫描以下二维码，可以观看面包板的结构、导电机制、使用方法及在面包板上安装电子元器件的常见问题的解析视频。

附录F　GPS—2302C型直流稳压电源

电源是使用一切电子设备的基础。直流稳压电源可以为各种电子线路提供稳定的直流电压，当电网电压或负载电阻的阻值发生变化时，要求直流稳压电源输出的电压保持相对稳定。实验室中使用的GPS—2303C型直流稳压电源是由两组相互独立、性能相同、可连续调整的直流稳压电源组成的。它具有过载保护及反向极性保护功能，可应用于逻辑线路和追踪式正、负电压误差非常小的精密仪器系统中。

F.1　主要性能指标

GPS—2303C 型直流稳压电源有 3 种工作模式：独立输出模式、串联追踪输出模式和并联追踪输出模式。其主要性能指标如下。

输入电压：220（±10%）V，50Hz 或 60Hz。

独立输出模式：两路独立的直流稳压电源输出（输出电压为 0～30V，输出电流为 0～3A）。

串联追踪输出模式：输出电压为 0～60V，输出电流为 0～3A。

电源变动率≤0.01%×FS+5mV（其中，FS 表示满量程）。

负载变动率≤300mV。

并联追踪输出模式：输出电压为 0～30V，输出电流为 0～6A。

电源变动率≤0.01%×FS+3mV。

负载变动率（额定电流≤3A）≤0.01%×FS+3mV。

负载变动率（额定电流>3A）≤0.02%×FS+5mV。

纹波和噪声（5Hz～1MHz）：CV≤1mV。

纹波电流：CA≤3mA。

F.2　前面板介绍

GPS—2303C 型直流稳压电源的前面板如图 F.1 所示。

（1）POWER——电源开关。

（2）Meter V——显示 CH1 的输出电压。

（3）Meter A——显示 CH1 的输出电流。

（4）Meter V——显示 CH2 的输出电压。

（5）Meter A——显示 CH2 的输出电流。

（6）VOLTAGE——调整 CH1 的输出电压，并在并联或串联追踪输出模式时，用于调整最大输出电压。

（7）CURRENT——调整 CH1 的输出电流，并在并联追踪输出模式时，用于调整最大输出电流。

（8）VOLTAGE——在独立输出模式时，用于调整 CH2 的输出电压。

（9）CURRENT——在独立输出模式或串联追踪输出模式时，用于调整 CH2 的输出电流。

（10）C.V./C.C.指示灯——当 C.V./C.C.绿灯亮时，CH1 的输出为恒压源；当 C.V./C.C.红灯点亮时，CH1 的输出为恒流源。

（11）C.V./C.C.指示灯——当 C.V./C.C.绿灯亮时，CH2 的输出为恒压源；当 C.V./C.C.红灯点亮时，CH2 的输出为恒流源。

（12）OUTPUT——电源输出开关，用于打开/关闭输出。当打开输出时，输出状态指示灯点亮。

（13）“+”输出端子——CH1 正极输出端子。

（14）“−”输出端子——CH1 负极输出端子。

（15）GND 端子——地和机壳接地端子。

（16）“+”输出端子——CH2 正极输出端子。

（17）“−”输出端子——CH2 负极输出端子。

（18）TRACKING——通过这两个按键可选择工作模式为独立输出模式、串联追踪输出模式或并联追踪输出模式。

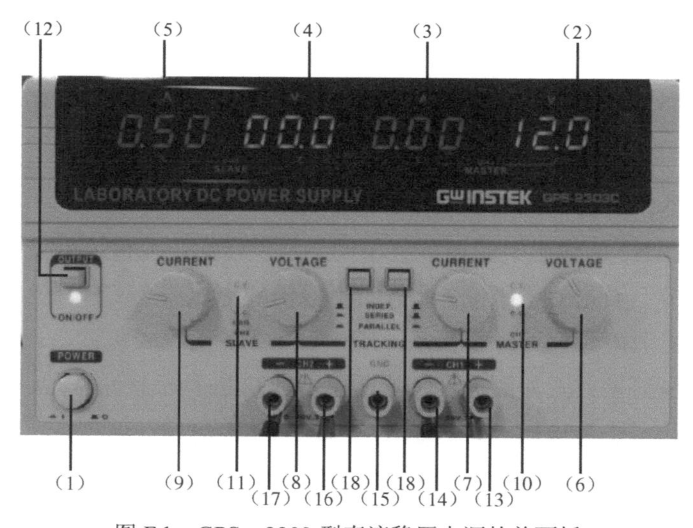

图 F.1　GPS—2303 型直流稳压电源的前面板

F.3　操 作 方 法

GPS—2303C 型直流稳压电源具有恒压、恒流自动转换功能：若作为电压源使用，当输出电流达到预定值时，会自动将电压输出转换成电流输出；若作为电流源使用，当输出电压达到预定值时，则会自动将电流输出转换成电压输出。

GPS—2303C 型直流稳压电源有 3 种工作模式：独立输出模式、串联追踪输出模式和并联追踪输出模式，下面详细介绍。

1. 独立输出模式

当设定为独立输出模式时，CH1 和 CH2 为两组独立的电源，可单独使用或同时使用，连接方式如图 F.2（a）所示。

在设定电流限制的条件下，独立输出模式给出两组独立的电源 CH1 和 CH2，分别可以提供 0 至设定值范围内的输出电压，设定流程如下。

（1）按下电源开关，开启电源。

（2）使设定工作模式的两个按键同时弹起，设定电源为独立输出模式。

（3）按下电源输出开关，输出状态指示灯点亮。

（4）选择输出通道，如 CH1，将 CH1 的输出电流调节旋钮调节至设定的限流值（超载保护），将 CH1 的输出电压调节旋钮调节至设定的电压值。

2. 串联追踪输出模式

当设定为串联追踪输出模式时，在电源内部，CH2 输出端的正极自动与 CH1 输出端的负极连接，此时 CH1 为主电源，CH2 为从电源，调节 CH1 的输出电压调节旋钮可以同时调节 CH1 和 CH2 的输出电压，设定流程如下。

（1）按下电源开关，开启电源。

（2）将设定工作模式的两个按键中的左边的按键按下，使右边的按键弹起，设定为串联追踪输出模式。

（3）按下电源输出开关，输出状态指示灯点亮。

（4）将 CH1 和 CH2 的输出电流调节旋钮调节至设定的限流值（超载保护），将 CH1 的输出电压调节旋钮调节至设定的电压值。此时实际输出的电压值为 CH1 的电压表头显示的电压值的两倍，实际输出的电流值可以直接从 CH1 或 CH2 的电流表头读出。

（5）单电源供电连接方式如图 F.2（b）所示，CH2 的负极接负载地，CH1 的正极接负载的正电源，此时两端提供的电压为主控输出电压显示值的两倍。注意：当串联追踪输出模式的输出电压超过 DC 60V 时，将对使用者造成危险。

（6）双电源供电连接方式如图 F.2（c）所示，在电源内部，CH2 的正极自动与 CH1 的负极连接后一起作为参考地，此时 CH2 的负极相对于参考地输出负电压，CH1 的正极相对于参考地输出正电压。

3. 并联追踪输出模式

当设定为并联追踪输出模式时，CH1 为主电源，CH2 为从电源。在电源内部，CH1 输出端的正极和负极自动与 CH2 输出端的正极和负极两两互相连接，此时，CH1 的电压表头显示两路并联电源输出的电压值，如图 F.2（d）所示，设定流程如下。

（1）按下电源开关，开启电源。

（2）将设定工作模式的两个按键同时按下，设定电源为并联追踪输出模式。

（3）按下电源输出开关，输出状态指示灯点亮。

（4）在并联追踪输出模式下，CH2 的输出电压和输出电流完全由 CH1 的输出电压调节旋钮和输出电流调节旋钮控制，并且 CH2 的输出电压和输出电流追踪 CH1 的输出电压和输出电流，即两路输出值同时变化。将 CH1 的输出电流调节旋钮调节至设定的限流值（超载保护），将 CH1 的输出电压调节旋钮调节至设定的电压值。电源实际输出的电流为主电流表头显示值的两倍，CH1 的电压表头显示的是实际输出电压。

4. 最大限流值的设定

（1）用测试导线将某一路电源的两个输出端短接。

（2）顺时针调节输出电流调节旋钮至 C.V./C.C.指示灯变为绿色电压指示灯点亮，然后顺时针调节输出电压调节旋钮至 C.V./C.C.指示灯变为红色电流指示灯点亮。

（3）将输出电流调节旋钮调节至设定的限流值，该限流值会显示在对应的电流表头上。一旦设定最大限流值，就不可以再调节输出电流调节旋钮。

（4）去掉输出端的测试短路线，完成最大限流值的设置。

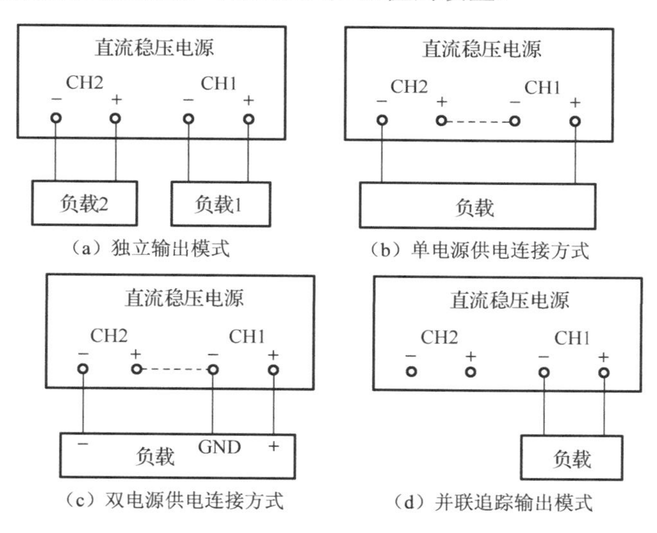

图 F.2　直流稳压电源的几种连接方式

F.4　视 频 详 解

扫描右侧二维码，可以观看 GPS—2302C 型直流稳压电源的操作教程。

附录 G　其他常用仪器的使用（视频）

G.1　DG1032Z 型波形发生器的使用（视频）

扫描以下二维码，可以观看 DG1032Z 型波形发生器的操作教程。

G.2　GDS—1104B 型数字示波器的使用（视频）

扫描以下二维码，可以观看 GDS—1104B 型数字示波器的操作教程。

G.3　电源、示波器、信号源使用中的常见问题（视频）

扫描以下二维码，可以观看电源、示波器、信号源使用中的常见问题的视频。

G.4　C.A 5215 型数字万用表使用中的常见问题（视频）

扫描以下二维码，可以观看使用 C.A 5215 型数字万用表使用中的常见问题的视频。

参 考 文 献

[1] 康华光. 电子技术基础——模拟部分[M]. 5 版. 北京：高等教育出版社，2006.
[2] 赵广林. 常用电子器件识别/检测/选用一读通[M]. 北京：电子工业出版社，2007.
[3] 谢礼莹. 模拟电路实验技术（上册）[M]. 重庆：重庆大学出版社，2005.
[4] 李震梅，房永刚. 电子技术实验与课程设计[M]. 北京：机械工业出版社，2011.
[5] 陈军. 电子技术基础实验（上）模拟电子电路[M]. 南京：东南大学出版社，2011.
[6] 武玉升，高婷婷. 电子技术设计与制作[M]. 北京：中国电力出版社，2011.
[7] 王久和，李春云，苏进. 电工电子实验教程[M]. 北京：电子工业出版社，2008.
[8] 唐颖，李大军，李明明. 电路与模拟电子技术实验指导书[M]. 北京：北京大学出版社，2012.
[9] 李景宏，马学文. 电子技术实验教程[M]. 沈阳：东北大学出版社，2004.
[10] 陈瑜，陈英，李春梅，等. 电子技术应用实验教程[M]. 成都：电子科技大学出版社，2011.
[11] 董鹏中，张化勋，马玉静. 电子技术实验与课程设计[M]. 北京：清华大学出版社，2012.
[12] 张淑芬，王彩杰，周日强，等. 模拟电子电路设计性实验指导书[M]. 大连：大连理工大学出版社，2000.
[13] Walt Jung，等. 运算放大器应用技术手册[M]. 张乐锋，张鼎，等译. 北京：人民邮电出版社，2009.
[14] 张凤霞，汪洁，李自勤. 模拟电子技术[M]. 2 版. 北京：电子工业出版社，2017.
[15] 毕满清，王黎明，高文华. 模拟电子技术基础[M]. 2 版. 北京：电子工业出版社，2015.
[16] 黄智伟，黄国玉，王丽君. 基于 NI Multisim 的电子电路计算机仿真设计与分析[M]. 3 版. 北京：电子工业出版社，2017.
[17] 王远，张玉平. 模拟电子技术基础[M]. 北京：机械工业出版社，2007.
[18] 江晓安，董秀峰. 模拟电子技术[M]. 西安：西安电子科技大学出版社，2009.

反侵权盗版声明